在大學教植物學

Teaching Botany in University

情人節

清明節

受苦節

重陽節

Plant
Day
Everyday

畢培曦 著

端午節

日日植物日

浴佛節

七夕

農曆新年

元旦

結婚日

復活節

萬聖節

胡秀英日

中華書局

送給

碧芝、穎騫、睿憲、穎棋和穎超

序一
春風化雨話植物

辛世文
香港中文大學榮休生物學講座教授
善衡書院創院院長
中國工程院院士

1996 年我由美國回母校香港中文大學，任理學院生物學系系主任，與本書作者畢培曦教授成為同事，直至各自退休。畢教授任教植物學相關課程，學識淵博，教學方式新穎，大受學生歡迎及好評。除教學及研究外，他亦常在報章發表與植物有關文章。他在《明報》這方面的專欄作品，現輯印成書，取名《日日植物日》，邀我作序，是我的榮幸。

我們日常見到及接觸的植物，絕大部分是用特殊的維管束在體內輸送食物和水份。世界上有近 40 萬種這類維管束植物，其中 37 萬種屬有花植物。加上每年約有二千個新品種被發現或描述，若以每日一植物，通過《日日植物日》介紹，要超過一千年！如此豐富的植物資源，除了能供應醫藥、木材、休閒、能源、基因、毒素、社會應用、動物飼料及無脊椎動物食用外，更重要是人類食物的本源。人類賴以生存的三大所需，除了食物，還有空氣與水。植物通過光合作用及水分吸收與蒸發，對空氣及水的循環供應，亦跟我們的生存息息相關！植物於地球，可謂厚德載物。

1984 年，我曾進入南美洲亞馬遜河流域採集巴西豆（*Bertholletia excelsa*）的標本，親身體驗了熱帶雨林動植物的多樣性，驚覺保護雨林的重要！據專家估計，前面所提及的 40 萬種植物中，只有 4 萬種，即 10% 的用途，有過描述，而熱帶雨林中，更有難以估計的新品種，尚未被發現及運用。此外，約 20% 的植物，即每五種中的一

種，因各種原因，包括砍伐及開墾，供農業、工業、居住、交通、商業、牲畜等用地，以及氣候變化的影響，有絕種的危險。最近（2019 年 6 月）一項研究報道，自 1900 年以來，每年平均接近三個植物品種消失。因此，我們對植物的認識、運用及保護，更形迫切。

畢教授在這本書，以中外傳統節日，以及特別紀念與喜慶日為綱，對涉及的植物，通過相關歷史、文獻、科學及故事，以典雅或通俗，風趣及幽默的筆觸，作為介紹，娓娓道來，令讀者興趣盎然，不覺間增長了對植物的了解及知識，實科普的楷模。

植物無言，對世界作默默奉獻，包括對人類的生存及生活，但卻瀕臨滅絕脅迫，這就要依靠我們的覺醒、呼喚及保護了！而《日日植物日》正是及時的春風細雨。

2019 年 6 月 13 日

序二
進入科普的奇妙世界

伍渭文
香港中文大學崇基學院神學院客座副教授
前崇基學院校牧

　　了解事物可有三個角度。就拿植物來說，其一是科學的：可透過科學觀察，分析一棵植物本身的年齡、品種、生態；其二是社會經濟的：從人的角度看其利用價值，如藥用和工業用途；其三是人文宗教的象徵意義：指向本身之外，更宏大和終極、看得見及看不見的實有。蓮花高潔，出於污泥而不染。桃花不語，自下成蹊。無花果樹象徵以色列，荊棘冠冕指向基督的受難。作者三個角度來回曲折，游刃有餘。無論從嚴謹的植物學破題，層層剖析；或是觀社會現象類比，發人深省；或是睹物思人起興，都情理並茂，文字優美。這書不單是普及植物學的啟蒙，開啟視野，也是細叩心靈，誘動人文觸覺和終極關懷。

　　作為科普教材，這書很有吸引力。無文不能行遠，這書用字精確，每棵植物都有自己的拉丁文學名，很有個性。但敘事用詞溫婉細膩，給人豐富的想像空間，是嚴謹的科學和文學巧妙結合，行文清雅篤實，可讀性高。這書印證了中古格言：「真理的豐盈就呈現出美（The splendor of truth is beauty）」。作者學養淵博，但深入淺出，娓娓道來，就像穿過迎廊，步上台階，登堂入室。植物被作者賦予的美態，吸引讀者亦步亦趨，欲罷不能，愛不釋手，嘆為觀止，反覆細味。

　　這書讓我們體會科普先驅培根對知識追求所說的進階：「真理三步曲：首為叩問，如求偶之切慕；次為知識，窺其堂奧之妙；三為信仰，樂在其中。」作者領引我們進入植物的堂奧，窺見品種博大精

深的微觀宇宙，把知識的切慕，推向臻至信仰的境界，而且樂在其中，這正是科學普及教育的目的。誠如《小王子》的作者所說：「倘若你建造一艘船，不要先鳴鼓發號，取木施工。反之，你要先教曉他們切慕那無邊的茫茫大海。」這書確能驅使讀者切慕田野觀察，開始植物旅遊，甚至有逐水草而居的衝動。

科普是基礎科學教育，基礎至為重要，基礎深入鞏固，才能建造高樓。現代人汲汲求成，凡事衡功量值，只從目的（purpose）着眼，大學科研也急於把知識盡快轉成商品，換取利潤，忽略基礎科學。基礎科學追求事物的意義（meaning），不問事物的目的。這書叫我們嘆讚植物本身受造奇妙，其意義是自存的，不須求諸可資利用的目的。科技講求控制、功能、利用，構建以人為中心的霸權世界。科學探索，叫我在生物微觀的世界，天體宏觀宇宙面前謙卑下來，學曉尊重，明白共融，體會敬畏。非常弔詭，科技的重大突破，需要強大的基礎科學。

人生也如此，行經時間，留下痕跡，總有隱密的意義，雖然我們暫時不明白其目的。遊戲、藝術創作，有其使人迷醉的內在規範，深具意義，但沒有目的。只有工作，不懂遊戲，生活乏味，也失去童真，而童真是連繫樸實生命的臍帶。

本人與畢培曦博士在大學有同事之誼，他是植物學專業，是植物學的活百科全書。我唸神學，一棵生命樹與一棵分別善惡的樹，已令我費煞思量。因為我們同有一位老師 —— 胡秀英教授而認識。畢博士是胡教授入室弟子，且執禮甚恭，而我是崇基學院校牧，從會友胡教授的生命舉止偷師。因為籌備胡秀英教授的安息禮拜和追思會，大家走在一起，之後成為臉書好友，頗多互動。畢博士是我敬愛的朋友，信仰的同行者，能夠應邀為此書寫序是一種榮寵。是為序。

聖靈降臨主日
2019 年 6 月 9 日

自序
植物代表我的心

在大學教植物學，除了有指定的教學範疇和學習進度指標之外，考試的試題和答卷還得送交校外專家評審，看看是否涵蓋科目的範圍，了解有否增強學生的學習、分析和應用能力，並且從學生答題來比較與西方名校學生的水平。但一門學科在每學期的上課時間只有四十多個小時，遠不足以全面深入講授課程指定的內容，所以很少提及植物在文化歷史上的資料，實在美中不足。

在教學的生涯中，講課和考試，用的都是英語，但選用例子時，發現光用西方的例子來介紹植物，往往沒法引起學生共鳴，但若講解時加插常用的中文成語和詩詞，則每有較佳的反應。例如讓學生知道「脫穎而出」，最早的版本是「穎脫而出」，見於《史記·平原君虞卿列傳》，故事與另一成語「毛遂自薦」有關。當時論説的是把錐子放在袋中，必定露出尖鋭的末端（穎），但在水稻（*Oryza sativa*）開花時漿片（lodicule）膨大，將堅硬的穎殼（穀殼）推開，露出雄蕊和雌蕊，方便花粉傳播，結出穀粒，這樣講解，學生便更容易吸收。當介紹沒有花朵的裸子植物蘇鐵（*Cycas revoluta*）會長出橙紅色種子的大孢子葉叢（雌花苞 megasporophyll）時，便連繫到「鐵樹開花」的成語，學生才會恍然大悟這成語指的不是常見開花的巴西鐵樹（*Dracaena fragrans*）和朱蕉（鐵樹 *Cordyline fruticosa*），亦理解「鐵樹開花」和「啞巴講話」，都寓意絕不可能的事。

教學時主要集中在植物學上的知識，但植物並非空穴來風，突然出現的生物，它們參與人類的活動和起居、提供養分和醫藥、改變歷史和文化……每種植物背後都有動人的故事，但在課堂上，礙於時間的限制，沒法加插這些材料，未能夠讓學生在學習時跳進歷史時空，參與承先啟後的感悟。

胡秀英老師在世時，總是退而不休，繼續為與她傾談的學生和市民，分享知識和相關的故事。我從 2015 年 5 月開始，《明報》「星期日生活」的編輯為我開闢了「在大學教植物學」專欄，我也趁機希望能夠通過文字交流，補充在教學時沒法介紹的資訊，讓學生和讀者都能欣賞植物的樂趣，了解它們與人類息息相關的歷史。

　　這幾年來，誠蒙眾多編輯的幫忙和忍耐，以及諸位朋友義助借出照片，令專欄更加充實。如今幸得中華書局（香港）有限公司幫忙將專欄的拙作，輯印成書，又得友好增添照片，更獲香港中文大學榮休生物學講座教授、中國工程院院士辛世民教授和崇基校牧伍渭文博士，賜文代序，實在感激不盡！

胡秀英教授（圖片提供：鍾國昌）

水稻脫穎而出（圖片提供：鄒治中）

蘇鐵大孢子葉叢／雌花苞（圖片提供：陳君紅）

目錄

序一　春風化雨話植物　　　　　辛世文 3

序二　進入科普的奇妙世界　　　伍渭文 5

自序　植物代表我的心 7

元旦 12
14　豆年吃豆
18　紅豆湯
21　植物催我去旅行
24　新年竹願
28　「老」作家與「老作」家

農曆新年 32
34　猴歡喜
38　南大西洋夜空的獵戶座
42　一鳴天下白
46　幸好桃花依舊
50　許願樹之「樹與願違」
54　許願樹之「許願嘉年華」
57　樂有水仙迎新歲
61　年度植物「豬屎豆」

情人節 64
66　紅豆話相思
70　猴媽媽的耳環和粉撲

清明節 74
76　清明，桐始華

受苦節 80
82　棕枝、鐵枝、楊柳枝
86　荊冠
90　許願樹之「掛在木頭上」

復活節 96
98　良鄉栗子老橡樹
101　復活的植物
106　雞蛋花與高牆
110　呼喚你的名字

胡秀英日 114
116　中大冬青念秀英
120　五月，竹思師

浴佛節 124
  126 　菩提多為樹

端午節 130
  132 　從衛生看端午的植物
  135 　傻傻的糭子
  137 　端陽糭子的外衣
  141 　日本的糭子
  144 　山西黃米糭
  148 　武當張三丰清水糭
  151 　糖稀酸奶糯米糭
  154 　百毒不侵

六月 158
  160 　滿城盡見鳳凰紅

七夕 164
  166 　七夕的狂想

盂蘭節 170
  172 　人力勝天

重光紀念日 176
  178 　蘆夢湖與紅河谷
  184 　瘋亂的楓

中秋節 188
  190 　月餅廣告的教訓（上）
  195 　月餅廣告的教訓（下）
  198 　吳剛伐桂

重陽節 202
  204 　王維的茱萸

萬聖節 208
  210 　萬聖節的 trick or treat

結婚日 214
  216 　連理樹

聖誕節 220
  222 　植物的聖誕述異
  226 　聖誕花環
  229 　是何嬰孩（What Child is this）？
  232 　驢背上的十架（上）
  235 　驢背上的十架（下）

日日植物日

在大學教植物學

11

元旦

　　本地的山頭、郊野公園，甚至居所附近的公園，也是好去處，只要細心觀察，亦一樣是所羅門的植物寶藏。

——〈植物催我去旅行〉

豆年吃豆

　　在西雅圖與兩個年輕人到一家墨西哥餐館,侍應讓我們坐在靠窗的位置,然後送上餐牌,又送來一盤開胃的炸玉米片(tortilla chips)和一碗蕃茄莎莎醬(tomato salsa)。我們將玉米片沾上醬,開懷地每人吃了好幾片。粗糙的玉米片帶有輕微的玉米香味;醬汁比較稀,帶點酸甜,混有切碎的蕃茄、洋蔥、蒜頭和香菜。年輕人一邊看餐牌,一邊隨意地問:「為甚麼選吃墨西哥菜?」

　　我看着一邊是西班牙文、一邊是英文的餐牌,隨口說:「今年是豆年。」另一個年輕人衝口而出說:「是動物的嘛!羊年吧?還是猴年?」我抬起頭來解釋說:「Sorry,沒說清楚。2016是國際豆類年,即 International Year of Pulses。那是聯合國大會在第68屆會議宣佈選用的2016主題,並交由聯合國糧食及農業組織(Food and Agriculture Organization)負責推動。」

　　年輕人接着問:「Really?為甚麼選了豆?」

2016 國際豆類年（圖片提供：聯合國）

「聯合國每年選一個主題,例如2014是國際家庭農業年 International Year of Family Farming、2015是國際土壤年 International Year of Soil,到2016就是國際豆類年」。

　　另一個年輕人附和説:「那當然吃墨西哥菜!它着實用上許多種類的豆。」

　　兩個年輕人很快地分別揀了雞肉玉米捲餅(chicken enchilada)和墨西哥燉豬肉(pork carnitas)。我則左猜右想,盤算哪種款式會有最多種類的豆,最後挑了一碗沒有捲餅的雞肉捲餅碗(chicken burrito bowl)。

　　在等候上菜的時候,我繼續向他們介紹,「國際豆類年的重點集中在用作食材和飼料的乾豆子,並未包括像荷蘭豆和豆角那些新鮮而未成熟便用作蔬菜食用的豆,也不包括成熟後用來榨油的作物。乾豆子就是我們常吃的紅豆(adzuki bean, *Vigna angularis*)、綠豆(mung bean, *Vigna radiata*)、眉豆(cowpea, *Vigna unguiculata*)、蠶豆(broad bean, *Vicia faba*)、大豆(soybean, *Glycine max*)等等⋯⋯」

　　沒想到兩位年輕人也懂得不少種類,用英語接着説:「lima bean(利馬豆 *Phaseolus lunatus*)、pinto bean(斑豆 *Phaseolus vulgaris*)、cannellini(白腰豆 *Phaseolus vulgaris*)、red kidney bean(紅腰豆 *Phaseolus vulgaris*)、lentil(小扁豆 *Lens culinaris*)、garbanzo or chickpea(鷹嘴豆 *Cicer arietinum*)、black bean or black turtle bean(黑菜豆 *Phaseolus vulgaris*)⋯⋯maybe also split pea(豌豆邊 *Pisum sativum*)」。我笑着誇獎他們説:「Excellent!還有許多!」他們亦笑得燦爛⋯⋯可吃的豆類資源和種類確實不少。

　　「Oh yes, some more, coffee bean, cocoa bean and vanilla bean...」其中一位年輕人補充説。

　　「Well, good try, but no!咖啡豆、可可豆、香草豆,都不是豆!當然稱為土豆的馬鈴薯也不是,但稱為地豆的花生則是豆。」我説。他們望着手機的眼睛瞬間轉看着我,帶着疑惑地問:「How come?」

　　也許是我的職業病，還沒說兩句，總是會引入植物學的範圍，「國際豆類年指的是豆科（Fabaceae, bean family）植物的種子。咖啡豆、可可豆、香草豆、土豆分別是茜草科（Rubiaceae）、錦葵科（Malvaceae）、蘭科（Orchidaceae）和茄科（Solanaceae）的植物……豆科是雙子葉植物，具獨有的莢果（legume），由只有一個心皮的上位子房發育而成，成熟時果皮沿上下的背縫線和腹縫線開裂；但有小數品種如含羞草（Mimosa pudica）的莢果在果皮內層增加了一層層的橫向組織將果實內部分隔成一個個的小室，很容易橫向斷裂成一個個的小單元，這種莢果稱為節莢果（loment）」。

　　年輕人聽了似懂非懂，又不願追問下去，只有轉個容易的問題：「豆有甚麼重要性？」

　　另一位年輕人插嘴說：「中學時也有教，食用的豆類營養價值相當高，含超過兩成的蛋白質，所以也稱為窮人的肉類，吃素也必須吃豆。」

　　「中學有提到豆類具有根瘤（root nodules）和固氮特性（nitrogen fixation）嗎？」我試圖引導他回答。

　　他想了想，繼續說：「根瘤有共生的細菌，通過固氮酶將大氣中遊離態的氮（氮氣）轉化為含氮化合物、注入到土壤中，從而提高土壤的肥力，對環境有積極影響……」

　　說到這兒，侍應將食物送上，我們二話不說，盡情地供奉五臟廟。

　　雞肉捲餅碗簡單來說是省掉捲餅最外層的墨西哥薄餅，直接將原本包在薄餅內的食物和佐料倒到碗中，形式與中國和韓國的拌飯類似，上層鋪滿公雞嘴醬沙律（pico de gallo），再加酸奶油（sour cream）和鱷梨醬（guacamole），下層放有雞肉、底層放煮軟了的豆。原以為這道菜會有好幾種豆，但發現只有黑菜豆，幸好，味道和口感不錯，令人相當滿意。兩位年輕人將伴着玉米捲餅的豆泥和隨墨西哥燉豬肉上的斑豆，與我分享。豆泥雖然英文叫「refried beans」，但不是說回烔重複煎煮，而是源自西班牙文，指煮得稀爛

雞肉捲餅碗
（圖片提供：陳旨成）

墨西哥燉豬肉
（圖片提供：陳旨成）

成糊狀的意思；將豆泥含在口內感覺相當豐富，而且帶着特色的味道，惹人懷念。斑豆也煮得軟綿綿的，容易咀嚼。由於墨西哥和南美洲人民每天以此作為主食的豆類，較難消化，吃多了容易引起胃腸脹氣，導致放屁，唯有以慢火長時間將豆煮軟煮爛。這些乾豆亦不易發芽，難以轉化為芽菜來食用。反觀我們吃的豆類，大都是未成熟便收割作蔬菜食用，而乾的豆一般不會作為每天的主食，大多拿來煮湯、煲粥和製甜品，少數還可作藥材治病。用乾豆製的副食品種類亦相當豐富，豆腐和其他大豆的衍生產品千變萬化，利用微生物幫忙發酵更是絕活，如以粉絲來烹調，遠比魚翅精彩。看來豆的利用和文化會是個有趣的課題。

2016 年 1 月 3 日

紅豆湯

參加了聖地體驗團，前往約旦和以色列旅遊學習。在約旦首都安曼的機場過關後乘旅遊巴出發時，是當地早上 7 點，第一個活動是先送我們到酒店吃早餐。起行之前收到以往曾到當地的團員傳來的消息，說是「無啖好食」，所以估計會是簡單的多士煎雙蛋，但沒想到竟是一頓豐富的自助式早餐，而且餐廳佈置得相當有氣派。繞場逛了一周，見有七、八款色澤鮮美的沙律，盡顯地中海食物的特色；冷盤切肉還附有鵝肝醬，熱葷兼有烤牛肉和羊排，豚肉欠奉則是中東一帶宗教特色，其中魚塊烹調味道可口，令人喜出望外。麵包和糕點精緻、格調高雅，惹得「甜牙」（sweet tooth）躍躍欲試。果汁、茶、咖啡，色色俱全……唯獨欠缺鮮奶，相信是因為宗教原因，避免將奶與肉同時上桌。常設的水果有橙、蘋果和香蕉等，還有椰棗。由於先入為主，恐防這是最後一頓「吃得下」的正餐，故此開懷暢吃。直到意猶「全」盡的時候，太太建議說，湯也值得試試，那只好勉為其難到湯桌看看。不看就當沒見，誰知一看才留意桌上放着曾經將歷史改變的「紅豆湯」。

那是中文《舊約聖經》中的「紅豆湯」：就是一碗「紅豆湯」，換走了以掃的長子名分！《舊約聖經》創世記提到亞伯拉罕的兒子以撒，生了一對攣生子，較早出娘胎的叫以掃，稍遲出生的名雅各。以掃是長子，按猶太人的風俗可以承繼家族的權力和地位，但可惜他沒有謹慎看重長子的名分。「有一天，雅各熬湯，以掃從田野回來累昏了。以掃對雅各說：『我累昏了，求你把這紅湯給我喝。』雅各說：『你今日把長子的名分賣給我罷。』以掃說：『我將要死，這長子的名分於我有甚麼益處呢？』雅各說：『你今日對我起誓罷。』以掃就對他起了誓，把長子的名分賣給雅各。於是雅各將餅和紅豆湯給以掃，以掃吃了喝了，便起來走了。這就是以掃輕看了他長子的名分」。外文有句諺語「sell (one's) birthright for a bowl of soup」，是批評人不曉珍惜身分而自甘作賤的，便是源於這段聖經的記載。

以掃在婚姻方面，也比較麻煩，他娶了兩個迦南人的女兒為妻；

這兩個媳婦經常為家翁家姑添加愁煩。以掃於是又往以實瑪利那裏去，娶了亞伯拉罕庶生兒子以實瑪利的女兒為妻。但以掃沒有長子名分，沒有承繼家族的權力和地位，只好帶同自己的家眷財產離開，到西珥山附近、猶大山地及死海的南邊，即現今約旦南部的領土那裏發展，並且成為以東人的始祖。

相反，「紅豆湯」讓雅各取得長子名分後，他努力發展他的事業和靈命。在聖經多處，往往提到真神「耶和華」的時候，都稱這是「亞伯拉罕、以撒、雅各的神。也就是我們祖先的神」，這可見雅各在猶太人心目中的重要性。

的確，長子嫡孫名分在猶太人傳統中特別重要，是說明正統嫡系的身份。再追溯下去，雅各生了十二個兒子，其中，猶大排行第四，他是在三個兄長犯錯被廢之後，才承繼家族的權力和地位；亦因此，在大衛和耶穌的家譜上，就順序列出亞伯拉罕、以撒、雅各、猶大，而猶大的名字緊隨雅各之後。由此可見「紅豆湯」在歷史上舉足輕重的地位。

創世記指的「紅豆湯」，應該說是「小扁豆湯」（lentil soup 或 lentil stew）。在早期的中文聖經翻譯，由於中國中原地帶沒有小扁豆，所以意譯時便選了「紅豆」作為代表，而聖經英文譯本用的是「Jacob（雅各）gave Esau（以掃）some bread and some lentil stew」。

小扁豆（*Lens culinaris*）又名濱豆，古農籍記載西北省份有耕種，稱為冰豆及彬豆，是豆科的一年生草本植物，高 10 至 50 厘米，葉披白色柔毛，具小葉 4 至 12 對，頂端小葉變為卷鬚或刺毛；花白色和藍紫色，莢果長圓形，含兩粒種子。種子顏色多樣，包括褐色、灰色、淺咖啡色或綠色，有些還帶有斑點，薄雙凸鏡形，這也是其屬名 *Lens* 的來源，直徑 5 至 7 毫米、厚 2 至 3 毫米；種子內的子葉，有幾種顏色，包括橙紅色、黃色和綠色。其起源相信是在亞洲西南部和地中海東部地區；八千年前在新石器時代就有栽種，考古研究甚至說在九千五百到一萬三千年前已開始食用。小扁豆營養豐富，據云是在大豆以外含蛋白質最多的食用豆，而且反營養物

小扁豆豆肉

連殼綠小扁豆

（以上圖片由畢培曦提供）

質（antinutrient）含量低。烹調又比較方便，不必泡浸，水煮只需廿分鐘左右。磨粉代替麵粉可作包點，不用擔心麩質（gluten）致敏。

在聖地的兩星期中，我嚐過小扁豆湯和用小扁豆製作的菜式，口感還可以，但不算特別吸引。至於我們煮湯、煲粥和製甜品時常吃到的紅豆（adzuki bean, *Vigna angularis*），則是豆科的另一個品種。

趁着新年，順便一提，義大利人喜歡在除夕吃小扁豆，因為圓圓的像錢幣，滿滿一盤像是金玉滿堂。在此亦借小扁豆祝各位家肥屋潤、花開富貴！

2016 年 1 月 10 日

植物催我去旅行

2017年到了，該是起行的時候！過去總幻想有機會登峰之顛、入林之深、到野之曠、追溪之源，甚至探地之極、潛水之淵、上天之涯、尋海之角⋯⋯今年正合時宜，付諸行動，去訪異邦之民、嘗境外之食、賞他鄉之俗、試別國之風、拜會當地的植物！那裏的花草樹木一直在招手，要展示盛裝明艷的一面，還暗示會向虛心、不恥下問的訪客，私下透露自然的秘密和奧妙⋯⋯

2017是聯合國的「可持續旅遊業促進發展國際年」(International Year of Sustainable Tourism for Development)，民間亦有稱之為「國際永續旅遊發展年」或「國際永續觀光發展年」。聯合國大會選擇這主題實在是一片苦心，他們深信旅遊觀光能增進各地人民相互了解，加強對各種豐富的文化遺產的認知，以及提高對不同文化內涵價值的尊重，進而促進世界和平。旅遊業是香港四大產業支柱之一，香港旅遊發展局大可乘勢着力推廣，吸引更多遊客；各旅行社亦可借題發揮，安排更令人嚮往的旅行團。

這年來，學爬格子，更明白遊歷的意義。太史公司馬遷二十歲時，已在蘇浙和湖南一帶，「南游江淮，上會稽，探禹穴，窺九疑，浮沅湘」。又在山東、河南和安徽等地，「北涉汶泗，講業齊魯之都，觀（孔）夫子遺風，鄉射鄒嶧；阨困蕃、薛、彭城，過梁楚以

聯合國 2017 可持續旅遊業促進發展國際年（圖片來源：UNWTO）

歸」。而唐宋八大家的蘇轍未滿十九歲時，便認識到「太史公行天下，周覽四海名山大川，與燕、趙間豪俊交遊，故其文疏蕩，頗有奇氣」。他了解到自己「居家所與遊者，不過其鄰里鄉黨之人。所見不過數百里之間，無高山大野可登覽以自廣……故決然捨去，求天下奇聞壯觀，以知天地之廣大。過秦、漢之故都，恣觀終南、嵩、華（山）之高；北顧黃河之奔流，慨然想見古之豪傑」。讀過他們的大塊文章，以及詩詞歌賦，再拿起自己的專欄，相比之下，自慚形穢，深悔讀書太少、琢磨不足、思潮限於斗室……幸好蘇轍鼓勵說：「以為文者，氣之所形。然文不可以學而能，氣可以養而致。」看來非「出走」不可！務求行天下，與豪俊交遊，以養文氣！

按自己的經驗，去過的不管是奧林匹斯山、中東聖地，還是本地的郊區，總有植物誠心誠意地等候，如迎接神祇、果陀或浪子那般，跳前來擁抱、親嘴、問候，還要拍照、「selfie」，留下倩影。若非法例規限，我真恨不得帶它們回來胡秀英植物標本館，但一切只在乎天長地久，毋須曾經擁有；每次相遇都依依不捨，纏綿話別，餘下相思的惆悵，以及臉書上的合照。

長線旅行，自然是賞心樂事，但當假期未到，平日也不必捨近圖遠。本地的山頭、郊野公園，甚至居所附近的公園，也是好去處，只要細心觀察，亦一樣是所羅門的植物寶藏。

閒時在臉書上遊覽，驚覺高手在民間，許多年輕的植物發燒友，未曾接受正規的植物學訓練，卻練就一身好本領，攀山越嶺、涉水過河，易如反掌，不但攝影技術高超，眼力亦相當精準，更可貴的是全情投入、樂此不疲，而且堅持「只看不採」的規矩。比如在中學教書的馬Sir，唸大學時選讀植物學，畢業後沒繼續升學，但對植物熱情有增無減，更跑遍香港的山野，觀察植物，將特徵仔細拍照存檔，又反覆考證物種的鑑定。有次有舊生帶我到大帽山去看林中特別的植物，看畢我還試圖走過破舊的堤壩，進入溪流對面的密林，舊生就以危險和時間已經不早來勸阻，但碰巧馬Sir經過，打招呼後，他二話不說，單人匹馬，背着笨重的長短鏡頭和三腳架，快步走過堤壩，然後隱沒在林內；看他上載臉書的照片，相信他經常在野外過夜。皇

香港秋海棠
（圖片提供：葉曉文）

香港水玉杯
（圖片提供：馬錫成）

天亦感其誠，大埔滘的樹林就向他披露一個新品種，讓他命名為香港水玉杯（*Thismia hongkongensis*）。另外，又如個子矮小的曉文，主修的是文學和美術，但她將專長應用在本地植物上，每每孤身一人，跑到野外尋花拍照，並繪畫成彩色圖畫。有次她為了要拍攝長在水潭岩上的香港秋海棠（*Begonia hongkongensis*），就特意穿上救生圈，奮不顧身，跳進潭內，游到花前拍照。她那圖文並茂的著作，深受歡迎。他們的發現和分享，與發燒的程度成正比，同時亦説明植物不甘寂寞，歡迎來訪，樂意向有緣人傾訴。

　　我也要坐言起行，明天開始遠遊，在異域上網或許有困難，只有先為脱稿致歉。在此，恭祝編輯、讀者、學生和親友，新年快樂！

2017 年 1 月 8 日

新年竹願

2018 年新年伊始，趁着天氣溫和，晨起登山，試圖尋找光笹竹（*Sasa subglabra*），沒料誤闖迷宮，一時不能自已。

想找的光笹竹是莫古禮教授（F.A. McClure）在 1940 年發表的新種，他是研究竹子著作等身的專家，也是胡秀英教授在廣州嶺南大學的碩士導師；憑證的模式標本是馮欽於 1938 年在新界沙田村採到的，當時未見花和果。這新種發表後經過 40 年一直乏人問津，亦未有再採到第二號標本。到 1980 年代編寫《香港竹譜》時，我和華南植物研究所的賈良智師兄和馮學琳（馮欽的兒子），在沙田一處丁屋附近、充斥垃圾的林下，再次發現它的蹤跡。當時只有一片細小的群落，夾雜着少數的灌木，躲在破落的林下，長相有點寒酸。

光笹竹相當纖弱，個子矮小，約 100 至 160 厘米高，雖然其地下莖橫走，但未見大片延伸，從地下莖側芽長出合軸叢生型直立的竹稈光滑無毛，直徑約 6 毫米，稈節稍膨大；稈上每節具 1 分枝，稀為 2 分枝，極少有 3 分枝；稈籜宿存（culm sheath persistent），背部初期有微毛，後變光滑，邊緣生睫毛，頂端截平，籜耳缺（auricle absent），籜舌（ligule）約 1 毫米高，籜片（culm blade）宿存或遲落。枝上的葉籜初期亦有微毛，後變光滑，葉耳缺，葉片披針形，長 10 至 30 厘米，寬 2 至 5 厘米。由於未見到其花果，所以沒法確認它是赤竹屬（*Sasa*）的成員，亦懷疑它可能是酸竹屬（*Acidosasa*）、少穗竹屬（*Oligostachyum*）、大明竹屬（*Pleioblastus*）或大節竹屬（*Indosasa*）的品種。

到 1998 年，香港電台拍攝《山水傳奇》系列，其中一集《竹林山水間》談及香港的竹和竹文化，我們應邀前往沙田，幫忙介紹光笹竹，如今一晃眼又過了 20 年，期間未有再去探望。在網上谷歌，仍可找到那一集的影片，重看一遍又一遍，回味胡秀英老師的風采，但同時又再次看到光笹竹在那片充斥了垃圾、破落的生境，簡直令我無法鼓起勇氣再前往探查，心想，恐怕隨着人為的干擾、垃圾的

堆積，光笹竹應該是凶多吉少，幸好影片亦提及漁農自然護理署的人員已經將部分植株移植到城門標本林。所以在出發登山前，分別發電郵給漁農自然護理署香港標本室館長和華南植物園負責《香港植物誌》的主編，查詢沙田和城門標本林的光笹竹，並打聽有否在別的地點找到這種竹子，跟着便出發前往大圍的道風山。

　　這片山林是挪威傳教士艾香德牧師（Karl Ludvig Reichelt）開發的。他在 1904 年開始在中國湖南傳道，並於 1922 年在南京創立景風山，招待佛教及道教徒學道。到 1930 年，因戰亂原因，他把工作移來香港，在沙田創辦「道風山基督教叢林」，並邀得丹麥建築師艾術華（Johannes Prip-Moller），按着道風山的山勢，糅合基督教和佛道傳統，設計龐大的中國式建築群，極具觀賞價值。整座山頭，談的是「道」和「風」，指的是「道成了肉身」的耶穌基督和「如

光笹竹（圖片提供：馬錫成）

風吹拂、重振生命」的聖靈。

一到山上，立即墮入迷宮，再看路牌，上面也寫着迷宮，但英文寫的是 labyrinth。趕緊谷哥求證，果然道風山的網頁亦介紹這是「踱步默想的『明陣』，並非迷宮（maze），所以沒有叉路、死巷或高牆，不會令人迷失於撲朔迷離的困局中。明陣看似迂迴曲折，但實則有一條清楚的路，入口同時也是出口。闖陣的人只須沿着羊腸小徑緩步而行，自然就會走到中心點，又可以由中心點順着原路折返，走到出口」。在踱步時，一邊祈禱默想，亦同時思考人生歷程的迂迴曲折。

我暫且放下光笹竹，順着「明陣」迂迴曲折的小徑，邊踱步，邊默想《舊約聖經》中〈詩篇〉第 90 篇摩西的祈禱：「主啊，祢世世代代做我們的居所。諸山未曾生出，地與世界祢未曾造成，從亙古到永遠，祢是神。祢使人歸於塵土，説：『你們世人要歸回。』在祢看來，千年如已過的昨日，又如夜間的一更。祢叫他們如水沖去，他們如睡一覺。早晨他們如生長的草，早晨發芽生長，晚上割下枯乾⋯⋯

道風山「明陣」迷宮（圖片提供：畢培曦）

我們一生的年日是七十歲，若是強壯可到八十歲，但其中所矜誇的不過是勞苦愁煩，轉眼成空，我們便如飛而去……求祢指教我們怎樣數算自己的日子，好叫我們得着智慧的心……求祢使我們早早飽得祢的慈愛，好叫我們一生一世歡呼喜樂……願主我們神的榮美歸於我們身上，願祢堅立我們手所做的工，我們手所做的工，願祢堅立！」

踏離「明陣」，一念間，光笹竹又回到腦袋。80 年前，馮欽在新界沙田村發現它；40 年前，我們重新找到它。20 年前，香港電台把它帶入《山水傳奇》，到如今，光笹竹，是否尚留人間？

徘徊在「明陣」之際，華南植物園的專家傳來回覆，説沒有找到它。跟着香港標本室館長的電郵亦回覆，我沒膽量打開，恐怕會 ruin my day。心裏誠惶誠恐，祝願光笹竹平平安安！

2018 年 1 月 7 日

「老」作家與「老作」家

　　影片徐徐結束，但我的心情是矛盾的、困惑的，甚至不知所措⋯⋯

　　銀幕的畫面轉為淺棕色的舊信紙，以舊式手動打字機的字體打出字幕，交代潦倒女作家 Lee Israel（Melissa McCarthy 飾演），將自己偽造四百多封名人書信而遭檢控的經歷寫成小說，結果小說熱賣，而其龍陽之好的市井朋友 Jack Hock（Richard Grant 飾演）則因愛滋病身亡。然後銀幕烏黑一片，陸續列出演員的名單，伴隨播放的，是片中飾演易服歌手唱的《晚安，女士們！》（*Goodnight Ladies*），重複着原唱路瑞德（Lou Reed）的落泊與寂寞⋯⋯

　　退休後，遇上一位膽識過人的編輯，沒理會我空白的寫作背景，也不顧我欠缺文采風流，竟然容讓我闢建專欄，由是栽進欄網中，轉眼已有四個年頭。自問無以為報，只好戰戰兢兢，搞盡腦汁。每次刊登後貼上臉書，獲贈的「Like」只能算作客套，未敢沾沾自喜。猶幸舊日同袍見面時，交談中會提及專欄的內容，甚至説：「習慣了追看專欄，見脱稿時感到失落！」曾嘗試寫稿的舊生更説：「要翻查許多資料，每星期寫一篇委實太辛苦了，每篇都相等於一篇小綜述。」雖然亦有勸我減省勞累，多享晚福，但自己甘願接受挑戰，逼着要在新領域中繼續探索，唯一可惜的是尚未找到改善寫作的門路，只停留在初階的水平。

　　踏入 2019 年，當然要趁新年，許新願，所以瞥見影片的名字《大老作家》，便趕快買票入場，希望有機會參考其他老作家的經驗，偷師學藝，做好「老」作家的本份，甚至朝着「大」老作家的方向而努力。沒料到，事與願違，影片介紹的是個「老作」家，而且是個大「老作」家！

　　觀眾陸續離場，而我則呆坐椅上，弄不清吸收了甚麼啟示。

　　《大老作家》是依據莉伊斯雷爾（Leonore Carol "Lee Israel"）的

傳記 *Can You Ever Forgive Me?: Memoirs of a Literary Forger* 改編拍成真人真事的電影。故事場景是 90 年代的紐約，當年女作家只有 51 歲，對我來說，這未能稱「老」！她寫過多本名人傳記，其中一本曾幾何時還攀上《時代周刊》的流行榜，但早已淪為在舊書店割價七成的促銷品。可是她不思進取，仍以過氣名人作為寫作題材，結果在生活潦倒和文壇失意的壓力下，心情壞透，淪為酗酒，同性伴侶亦難以伴隨，不可一世的性格，還以為可以算得上「老幾」。結果要變賣名人給她寫的謝函，再進而「老作」（偽造）已故名人的書信來轉手圖利，她甚至變本加厲，到圖書館檔案室盜取名人的真跡書信，因而被書店列入黑名單，更找市井朋友幫忙代售「老作」品。結果東窗事發，被判緩刑五年，但須軟禁在家半年、戒酒，以及償還款項。最終她修心養性，取得市井朋友的同意，將「老作」的經歷寫成傳記。

女作家在法庭上對偽造文書沒甚麼悔意，反而覺得在信件底部加插幾句自行創作的附言，相當有創意，更為信件增值，而假借名人的名義偽造書信，更是發揮寫作才華的機會……

在影院的場務員前來清場時，我忽然領悟到寫作最重要的是題材，而且若加上個人經歷，則更為吸引……

在路上，邊走邊想，看到路旁的行道樹，不期然想起寫過木棉、台灣相思、土沉香……甚至大樹殺手的風災；經過水果攤檔時，想起老編提到香港的水果……經過藥材海味店時停下來，環顧店內的冬蟲夏草、花旗參、花膠、鮑魚、燕窩……都是我以往的主打研究，其中蟲草的真偽鑑證，更是我退休當天報章的頭版。

當年我們得蒙經營冬蟲夏草等食材的樓上有限公司代為尋找冬蟲夏草（*Ophiocordyceps sinensis*，中國藥典稱 *Cordyceps sinensis*）的真假樣品作為初步依據，又安排我們到冬蟲夏草集散地考察，從而建立起可靠的檢測方法，然後在港九新界不同地區的藥材店及海味店購買了 15 款冬蟲夏草藥材樣本、1 款蟲草花樣本，以及 10 個品牌所生產的蟲草膠囊，分別進行形態、化學和 DNA 分子

測試，結果發現有 5 款蟲草藥材樣本含可引致頭暈嘔吐的亞香棒蟲草（古尼蟲草 *Cordyceps gunnii* autt. non Burkill，近見被定為新種 *Metacordyceps neogunnii*）、1 款蟲草樣本曾泡浸明礬，以增加重量、1 款蟲草樣本含植物地蠶（*Stachys geobombycis*）的根狀莖、個別蟲草樣本的蟲身加插了竹籤或鐵絲等物料，而蟲草花實為蛹蟲草菌的子實體，亦即北蟲草（*Cordceps militaris*）；另外全部 3 款封裝的樣本均含偽品。至於蟲草膠囊，研究結果顯示個別牌子的菌絲原料實為蛹蟲草菌絲，而非宣稱的冬蟲夏草菌；另一款含猴頭菇（*Hericium erinaceus*）；亦有一款同時含冬蟲夏草和亞香棒蟲草。絕大部分的膠囊都沒有註明填充物的性質和含量，而且包裝上的說明往往避重就輕，有誤導之嫌。想着，想着，也許關於食材的真偽和安全這些題材會吸引讀者。

回到家裏，太座建議過往寫的〈植物的聖誕述異〉、〈驢背上的十架〉、〈端午糉子〉、〈秋天的神話〉等都相當有趣，不妨按節氣和宗教節期一一撰寫。女兒則說，介紹教學和植物的生物知識和多樣性，應該受歡迎。

也許我應該調查讀者的興趣，再作決定。

2019 年 1 月 6 日

當年冬蟲夏草
測試的樣本

夾雜着麵粉搓成
蟲草模樣的偽品

青海市場蟲草暗
盤議價

（以上圖片由畢培曦提供）

農曆新年

> 我獨留在觀星台上，看着海闊天空……多情的獵戶座應該在笑我，早生華髮……我心裏回應說：「Better late than never，有心唔怕遲！」

──〈南大西洋夜空的獵戶座〉

猴歡喜

猴年會是「巧」（好）歡喜呢？還是空歡喜？

走在路上，迎面的都是臉臉的營營役役。在股票行門外，聚集的股民神情落寞，熒光幕上看着恆指由去年4月的28,000點反覆下跌至如今的19,000點。銀行大堂內討論的都是人民幣貶值、樓價下降、零售市道萎縮……很明顯的，許多人心中在問：「猴年會過得歡喜嗎？」

猴，歡喜嗎？

我手上沒有水晶球，但碰巧在香港的植物朋友中就有「猴歡喜」，它系出名門，是杜英科（Elaeocarpaceae）的美男；它同科的親戚有帶着流蘇狀花瓣的水石榕（*Elaeocarpus hainanensis*），後者是園藝常用的寵兒。猴歡喜最早於19世紀被發現長在香港的時候，就被冠以新種的學名，並且美名為香港猴歡喜（*Sloanea hongkongensis*），後來查明嫡系華夏群落，才修正為 *Sloanea sinensis*。

歡歡喜喜的猴子，手上拿着的是板栗還是猴歡喜的果實？

（圖片提供：Sawaid Abbas）

猴歡喜是耐蔭常綠喬木，可高達20米，樹形端正、優美，枝葉濃密，樹冠中常見有零星的紅葉，襯托出杜英科特殊的韻味；互生的葉薄革質、倒卵形、先端短急尖。每年於9至11月，綻放白色或綠白色

的花，單生或數朵簇生於小枝頂端或葉腋；花柄長 3 至 6 厘米；萼片和花瓣各有 4 片，長 6 至 9 毫米；花瓣先端撕裂，形成齒刻；雄蕊眾多，達 70 至 80 條，拱合着披毛的子房；花柱連合，長 4 至 6 毫米，像一支避雷針外露豎立在花的中央。翌年 6 至 7 月結果，果實極具觀賞價值，圓球形，寬 2 至 5 厘米，未成熟時外面長着許多淺綠色的軟刺，看起來像板栗；成熟後轉紅色，相當漂亮，討人歡喜，容易讓人誤以為是紅毛丹；老化後變棕色，果殼和長刺轉硬，裂開成 4 至 6 瓣，內裏玫瑰紫紅色；果莢裏面有幾粒黑褐色的種子，種子長約 1 厘米，每粒還帶有橙黃色的假種皮（aril），顏色交相映襯，配搭得十分吸引。在內地近年來頗受園林專家的青睞，選擇在土壤深厚、排水良好的公路兩旁種植為行道樹，並在公園陰涼的湖畔及假山旁邊，組成花、葉、果俱賞的園林景觀。據了解，「其木材光澤美麗、強韌硬重、耐水濕、紋理通直、結構細密、質地輕軟、硬度適中、容易加工、乾燥後不易變形，是建築橋樑和家居膠合板的良材」。

對於「猴歡喜」這顯眼的名稱，其來歷眾說紛紜，最直接的說法是猴子愛吃這種果實，因此叫做猴歡喜。另有一種說法指帶着軟刺的果實成熟時看似板栗，吸引猴子搶吃，誰知剝開後發現很多果莢裏面是空的，結果空歡喜一場，因此稱之為猴歡喜。又有一種說法

猴歡喜的種子和假種皮
（圖片提供：王韶昀）

是其果實色彩美麗，表面長着猴毛似的軟刺，成熟後開裂顯露出黑褐色的種子，整個形似猴子的面孔，所以得名猴歡喜。台灣森林悠遊網有更動人的描述說：「葉片又綠又柔，就像是一片片小草裙在風中起舞，花朵又白又嬌，形狀似鶯又如蝶，秋冬的時候則是結實纍纍，一粒粒金黃色、毛茸茸的果實在樹上搖呀搖，遠看還真像一群小猴子在樹上跳呀跳，或許是因為這個原因才被稱為猴歡喜。」台灣福山植物園則說園區的「猴群眾多，卻很少在猴歡喜的樹上看見他們的蹤影。那為甚麼要叫猴歡喜呢？有兩種說法：其一是果實毛茸茸的，像猴子的頭部，當蒴果成熟時裂開，像小猴開口哈哈笑。其二是圓滾滾的果實，看來飽滿可口，猴子看了好歡喜，可是一口咬下卻是乾乾硬硬的，猴子嚐了可要空歡喜呢！綠色的花朵不常見，猴歡喜的花是讓人驚喜的螢光綠，花瓣外緣像被紙藝師修剪成細細的裂片，花心當中圍繞着一環嫩黃雄蕊，鮮亮得讓人忍着不眨眼，看了滿心歡喜呢！」

從植物學的角度來看，我並不認同「空歡喜」這種猜度，因為中文植物命名罕見有這種黑色幽默，另外這種推論也欠缺嚴謹的觀察。我不知道其種子的營養價值，但燈黃色的假種皮應該可吃。再翻查學術文獻，發現有報道說美洲的捲尾猴（cebus monkey）和褐狐猴（common brown lemur）吃食該地區猴歡喜屬的果實。為了驗證猴子是否歡喜，我建議採摘一些猴歡喜的果實，拿到猴子聚居的地方，放在開放的地上，然後攝錄猴子的取向和行動，再追查種子的去向。

據我的認知，不論猴子是否懂得欣賞猴歡喜，這種喬木確是種觀賞價值高的植物，適當利用定為我們帶來歡喜！

猴年難免動盪，變化萬千，既有危，亦有機！唯望踏實前步，化危為安，而且盡量享受努力的進程，深信「流淚撒種的，必歡呼收割！那帶種流淚出去的，必要歡歡樂樂地帶禾捆回來！」

2016 年 2 月 7 日

猴歡喜的花（圖片提供：蘇培德）

猴歡喜的果實（圖片提供：陳勁民）

南大西洋夜空的獵戶座

　　2017 是聯合國的「可持續旅遊業促進發展國際年」（International Year of Sustainable Tourism for Development 2017），民間稱之為「國際永續旅遊發展年」或「國際永續觀光發展年」，我則喜歡對學生稱之為「國際永續遊歷成長年」。為此，我亦坐言起行，於元旦次日出發前往南美洲，乘坐郵輪。在船上，吃過晚飯後，我獨自登上郵輪上的觀星台。

　　南回歸線上的大西洋吹着和煦的晚風，農曆臘八的半月在子夜時分無精打彩、掛在一旁。我舉頭仰望南半球的夜空，同時窩着兩掌圍着眼睛四周，好減低其他光線的影響，赫然發現，盤踞在整個視野範圍內的是獵戶星座，印象中從未試過與它如此接近，標誌着雙肩和兩足的上下四顆星星，以及束在腰間斜放的三顆星星特別明亮，但腰下掛着如短劍排列的星星則比較朦朧。在南半球初夏的子夜，銀河總是按規律稍微從北向南橫跨天空的正中央，而獵戶座則靠近正北、帶着大犬座守在銀河一側，俯瞰大地。我順着獵戶座腰劍的指向，往近海平線天邊的方向望去，但雲霧太濃，未能見到南極星和南十字星。

　　我國古代天文學將獵戶座歸入二十八宿中的「參宿」，而且特別以其腰帶上的三顆星（參宿一、參宿二與參宿三）作為標籤。傳統相信，「三星高照」象徵福、祿、壽齊來。但在北半球的臘月，這三顆星在晚上則留守靠近正南的方位，所以民諺有説「三星正南，就要過年」。

　　遊歷的時機和目的因人而異，司馬遷二十歲時，「南游江淮，上會稽，探禹穴，窺九疑，浮沅湘；北涉汶泗，講業齊魯之都，觀夫子遺風，鄉射鄒嶧；阨困蕃、薛、彭城，過梁楚以歸」。而蘇轍未滿十九歲時，便了解到自己「居家所與遊者，不過其鄰里鄉黨之人。所見不過數百里之間，無高山大野可登覽以自廣……故決然捨去，求天下奇聞壯觀，以知天地之廣大。過秦、漢之故都，恣觀終南、嵩、華（山）之高；北顧黃河之奔流，慨然想見古之豪傑」。

一百八十五年前的獵戶座應該同樣神采飛揚，昂然進駐天頂，在 1832 年 3、4 月的夏天，相信亦同樣在南回歸線大西洋的上空，俯瞰着經過的船艦，其中一艘雙桅帆船載有一個學業成績平平的年輕人，稱他為紈絝子弟，亦不為過。他父親和祖父兩代都是名醫，但他無心向學，日夕只顧遊玩，連他父親亦罵他「只顧打獵、養狗、捉老鼠，別的一點不操心，將來恐怕不但丟自己的臉，更會令全家顏面無光（cared for nothing but shooting, dogs, and rat-catching, and you will be a disgrace to yourself and all your family）」。幾經聯繫，家人將他插入愛丁堡大學醫學院，但他無心上課，唸了兩年就退學，家裏唯有安排他入讀劍橋大學的基督學院，修唸神學，為當一名英國聖公會牧師謀後路，最後他勉強畢業，但他的女友亦覺他沒甚出息而轉投別人的懷抱。

在愛丁堡時，他不務正業，沒到醫學院上課，反而去跟一名來自圭亞那（Guyana）的黑人釋奴學習剝製動物標本、聽關於南美洲的風貌、流連於愛丁堡自然博物館而學會書寫觀察記錄，又陪同動物學教授去蒐集標本⋯⋯在劍橋時，他迷上昆蟲學，熱衷收集甲蟲，愛上地質學，更與植物學教授結成莫逆之交，成為其入室弟子⋯⋯

大學畢業後，無所事事，劍橋大學的植物學教授就推薦他去當個皇家軍艦隨船博物學專員，到海外遊歷考察。先不說要花上最少兩年的時間，更可憐的是沒有工資，還要自付 2 千英鎊作為生活費用，他的怪獸家長自然極力反對，更擔心他再次毫無目標地游離浪蕩，但其舅父則大力支持，說航海經歷有助日後的牧師生涯，結果他才如願登船。雖說為期兩年，但一去五載，由 1931 年 12 月 27 日從英國普利茅斯（Plymouth）出發，南下至西非海域的島嶼，然後橫渡大西洋到達巴西的薩爾瓦多（Salvador），再向南轉往里約熱內盧（Rio de Janeiro）、蒙特維多（Montevideo）、火地群島（Tierra del Fuego）、南美洲最南端的合恩角（Cape Horn），並在那附近探勘比格爾海峽（Beagle Channel）、福克蘭群島（Falkland Islands）等地，才轉往南美洲西岸，在瓦爾帕萊索（Valparaiso）一帶安第斯山脈調查，亦在利馬（Lima）轉到加拉巴哥群島（Galapagos

達爾文在南美洲採集可生吃的達爾文菇

比格爾海峽的琵亞冰川
（以上圖片由畢培曦提供）

Islands），到 1835 年 11 月始離開南美洲，穿越南太平洋到達大溪地（Tahiti），經過紐西蘭（New Zealand）、澳洲（Australia）、印度洋的毛里求斯（模里西斯 Mauritius）、非洲南端的開普敦（Cape Town），再經巴西，於 1836 年 10 月 2 日才返抵普利茅斯。

沿途他暈船嘔吐，多次大病臥床，又經歷天災地震⋯⋯但這名懶散、難成大器的青年竟然脫胎換骨、全情投入，大量收集動植物和化石標本、詳細記錄野外觀察、比較地質和物種的變化⋯⋯

當年揚帆出海的年輕人只有 22 歲，他的名字叫達爾文（Charles Darwin）；一次的遊歷，改變了他個人的命運，留下石破天驚的傳奇和劃時代的理論。

我獨留在觀星台上，看着海闊天空⋯⋯多情的獵戶座應該在笑我，早生華髮⋯⋯我心裏回應說：「Better late than never，有心唔怕遲！」

2017 年 2 月 5 日

一鳴天下白

踏進雞年，各路英雄紛紛摩拳擦掌，希望一展抱負，有的爭取民意支持，有的顯露後台強大。我既無選票，又欠人脈，更缺銀兩，唯有重拾老本行，看看今年 7 月 1 日，新特首就職時，應該挑選甚麼花，為更朝換代披上新景象！

溫故而知新，我還是認真地辭別猴年的，它讓我想起五六十年代，香港街頭的耍猴賣藝，通常是個外江漢子，拿着銅鑼，牽着馬騮（猴子），在街上表演雜耍，乞討賞錢或推銷藥酒；馬騮會按主人的命令，翻跟斗、爬竹竿，有時還會穿上衣裙，甚至帶上面具，學人一樣大搖大擺，十分滑稽。據了解，耍猴在中國已有兩千多年歷史，說是發源於河南省的新野縣，近年在該地出土的大量漢代畫磚上，屢見馬騮雜技的圖像；河南省政府已將猴戲納入省級非物質文化遺產項目。最早提到耍猴的文獻似乎是唐朝的詩，因為黃巢作亂，唐昭宗落難逃離京城，隨駕的耍猴技師，訓練馬騮模仿群臣在皇帝上朝時站班，唐昭宗極為欣慰，便賞賜耍猴的五品官職，身穿紅袍（賜朱紱），並封官號「孫（猻）供奉」。當時文人羅隱哀嘆自己未能考取功名，便寫下《感弄猴人賜朱紱》一詩自嘲：「十二三年就試期，五湖煙月奈相違（連湖光山色都沒空去欣賞）。何如買取胡孫（猢猻）弄，一笑君王便着緋（紅衣）。」

雖然街頭的馬騮戲已經不復見，但過去幾年，沐猴而冠、軒鶴冠猴、舞弄傀儡的鬧劇則無日無之，忽然湧現狐媚猿攀的嘴臉，任命的竟有「孫供奉」，而且強行通過歪理政策、大攬嚴重超支的大白象工程，不亦猿猴取月，令人氣餒，如今且待樹倒猢猻散……但聽說耍猴的，似乎沒追上時代，既沒掌握班主的期望，又罔顧觀眾早已改變的口味，仍望換隻猢猻，繼續舊有劇目……朝三暮四！

當然迎接雞年，我亦同樣誠惶誠恐。第一個湧現心頭的，是小時候玩的遊戲「麻鷹捉雞仔」，每次想起還感覺份外溫馨，多個小孩扮小雞逐一以手搭肩排成一隊，隊前頭擔當母雞的小孩則張開雙臂，

雞冠花（圖片提供：徐永欣）

野雞冠花（圖片提供：張保華）

阻擋扮演麻鷹的小孩，防止他捉走背後的小雞。在沒有電子遊戲的年代，那是最爽意的集體活動，每次都嘻哈不絕，排在隊尾的往往走動最多，隨着大隊忽左忽右，不時甚至全隊翻作滾地葫蘆，而充當麻鷹的也不在乎捉到小雞，能夠引起慌亂本身就是樂趣。

第二項湧現心頭的，是《古文觀止》的《馮諼客孟嘗君》，原文出自《戰國策》，故事實在精彩，值得欣賞：「齊人有馮諼者，貧乏不能自存，使人屬孟嘗君（原名是田文），願寄食門下。孟嘗君曰：『客何好？』曰：『客無好也。』曰：『客何能？』曰：『客無能也。』孟嘗君笑而受之，曰：『諾。』左右以君賤之也，食以草具。居有頃（過了一段時間），倚柱彈其劍，歌曰：『長鋏（長劍）歸來乎（回家吧）！食無魚。』左右已告。孟嘗君曰：『食之，比門下之客。』居有頃，復彈其鋏，歌曰：『長鋏歸來乎！出無車。』左右皆笑之，以告。孟嘗君曰：『為之駕，比門下之車客。』於是乘其車，揭其劍，過其友，曰：『孟嘗君客我。』後有頃，復彈其劍鋏，歌曰：『長鋏歸來乎！無以為家。』左右皆惡之，以為貪而不知足。孟嘗君問：『馮公有親乎？』對曰：『有老母。』孟嘗君使人給其食用，無使乏。於是馮諼不復歌。後孟嘗君出記（通告），問門下諸客：『誰習計會，能為文收責（債）於薛者乎？』馮諼署曰：『能。』孟嘗君怪之，曰：『此誰也？』左右曰：『乃歌夫長鋏歸來者也。』孟嘗君笑曰：『客果有能也。吾負之，未嘗見也。』請而見之，謝曰：『文倦於事，憒於憂，而性懧（懦）愚，沉於國家之事，開罪於先生。先生不羞，乃有意欲為收責於薛乎？』馮諼曰：『願之。』於是約車治裝，載券契而行，辭曰：『責畢收，以何市（購買什麼東西）而反（返）？』孟嘗君曰：『視吾家所寡有者。』驅而之薛。使吏召諸民當償者，悉來合券。券偏合，起矯命（矯造命令），以責賜諸民（免除應收的債），因燒其券，民稱萬歲。長驅到齊，晨而求見。孟嘗君怪其疾也（回來的這麼快），衣冠而見之，曰：『責畢收乎？來何疾也？』曰：『收畢矣。』『以何市而反？』馮諼曰：『君云視吾家所寡有者。臣竊計君宮中積珍寶，狗馬實外廄，美人充下陳，君家所寡有者以義（君家缺乏的是仁義這項東西）耳。竊以為君市義（購買「義」回來）。』孟嘗君問：『市

義奈何（如何購買呢）？』曰：『今君有區區之薛，不拊愛子其民，因而賈利之。臣竊矯君命，以責賜民。因燒其券，民稱萬歲。乃臣所以為君市義也。』孟嘗君不説（不悦），曰：『諾，先生休矣。』後朞年（滿一年），齊王謂孟嘗君曰：『寡人不敢以先王之臣為臣。』孟嘗君就國於薛。未至百里，民扶老攜幼，迎君道中。孟嘗君顧謂馮諼曰：『先生所為文市義者，乃今日見之。』……」孟嘗君避難時，幸有食客機智地扮雞叫狗吠，才得以逃脱，但亦有惡意批評他為「雞鳴狗盜之雄」。

新的特首，會像母雞奮不顧身、張開雙臂，保護小雞嗎？他會以市民利益而市義嗎？雞年既到，我們會見到「雄雞一鳴天下白」嗎？他會容納賢才，兼聽雞鳴狗盜，與我們共同發揮獅子山下的拼搏精神嗎？他會像雄雞那般「頭上紅冠不用裁，滿身雪白走將來。平生不敢輕言語，一叫千門萬戶開」嗎？

我應該挑選甚麼花呢？

2017 年 2 月 12 日

幸好桃花依舊

　　農曆新年前幾天乘車經過大埔林村，路旁種植桃花的農田早把桃花鋸下、送到年宵花市，希望賣個好價錢；花農一年下來的辛勞，就靠這批桃花「盡地一煲」，換取來年的生活費和飯後煙。沿途只見餘下毫不起眼、沒多少花朵的矮小植株，在冬日濛濛的陽光下，灰棕色的枝幹和鋸樹後留下的樹樁，跟乾旱的泥土混為一色。忽然間，驟眼看見一片殷紅，心想大概有奇逢應早春，於是趕忙下車求證。

　　真的出乎意料，這小塊農田，約有半個足球場那麼大，居然仍保留着廿來株一米半至兩米多高的桃花，每株密密麻麻的，長滿深桃紅色、重瓣的桃花，枝上還有許多待放的花蕾，實在如詩經《桃夭》所説的「桃之夭夭，灼灼其華」！

　　剛走到農場入口，就見到花農捧着一株兩米高的桃花，花枝部分已經套上特大的紅色膠袋，在完成交易後，便把那株桃花扛在肩上，隨客人送到路邊等候的客貨車。他也沒管我，任由我在田間欣賞他的桃花。

　　田壆上的桃花主幹不高，但長出許多分枝，枝上密生花蕾和花朵，在在顯出花農的悉心打理。他們為了讓桃花長得濃密、樹形漂亮，必須定期去頂芯（terminal bud），破壞頂芽的頂端優勢（apical dominance），減除生長素（auxin）的抑制，讓側芽生長發育成分枝，又要小心修剪，加上抹芽（抹除多餘的側芽）、摘芯、扭梢等工序，甚至抑強扶弱，以保持樹體平衡。為了方便選購後搬運，花農在歲晚更用尼龍繩將所有花枝斜斜向上綑成一叢，又為已被認購的桃花掛上寫着買家的紅布條。

　　桃花是落葉喬木，每年初春，先開花，後長葉。正常的植株可高達 10 米，小枝（long shoot）紅褐色或褐綠色，平滑。花大多單生，無柄或接近無柄，長在短枝（spur shoot）上；花萼五枚、深紅

林村花農桃花
（圖片提供：畢培曦）

單瓣桃花
（圖片提供：張保華）

褐色、密生短柔毛；花瓣五枚（單瓣）或因部分雄蕊退化變成重瓣、寬倒卵形、寬矩圓形或接近圓形、頂端一般無缺刻、粉紅、紅或白色；雄蕊可多達 40 枚；子房上位，披毛；果為核果，內果皮硬、帶不規則深溝紋。雖然文獻説桃花沒有雌雄異熟（dichogamous），但見到花瓣尚未開展時，淺綠色的柱頭已經露出花蕾頂端，未知能否接收花粉。後出或與花同出的桃葉，橢圓狀披針形至倒卵狀披針形，邊緣具細鋸齒，兩面無毛或底面小脈間有短毛；葉柄常具一枚腺體。

　　桃花是薔薇科（Rosaceae）的成員，同科的植物包括許多重要的經濟植物。以水果和乾果來說，薔薇科是個寶庫，常見的品種計有桃（peach）、桃駁李（nectarine，實在是果皮上無毛的桃）、李（plum）、西梅（歐洲李 prune）、南華李（Chinese plum）、杏（apricot）、巴旦杏（almond）、櫻桃（cherry）、青梅（mume）、梨（pear）、蘋果（apple）、山楂（hawthorn）、士多啤梨（strawberry）、枇杷（loquat）、榲桲（quince）、紅草莓（勒士啤梨 raspberry）、黑莓（blackberry）、波森莓（boysenberry）、野櫻莓（chokeberry）、雲莓（cloudberry）、洛根莓（loganberry）、美莓（salmonberry）、泰莓（tayberry）等，全都令人垂涎。

　　園藝和插花的品種亦多不勝數，除了桃、梅、李、枇杷之外，玫瑰（rose）自然脫穎而出，它和月季花（Chinese rose）及七姐妹（seven sister rose）都是園藝的寵兒，其他還有繡線菊（spiraea）、石班木（Hong Kong hawthorn）、火棘（firethorn）、貼梗海棠（flowering quince）等，為人間帶來無限春色。

　　在介紹植物命名法規和拉丁學名時，桃花亦會上場，負責解釋拉丁學名的規則。我會打開英文版《中國植物誌》和《香港植物誌》，指出兩本植物誌採用的學名分別是 *Amygdalus persica* 和 *Prunus persica*。前一個學名是雙名法（bionomial nomenclature）開始的時候，林奈（Linnaeus）給桃花訂定的名字；他用上「*persica*」（波斯的）這種加詞，原因是歐洲人認識的桃子早期是從波斯傳入的，雖然現今查明桃花原產中國北方，再傳播到亞洲周邊地區，但因優先權的規定，我們也無法更改。另一方面，林奈將西梅（歐洲李 *Prunus domestica*）、杏（*Armeniaca vulgaris*）和杏仁（巴旦杏仁 *Amygdalus communis*），分放在不同的屬內，但其後大多數的專家將它們全歸入 *Prunus* 屬。

　　另外在介紹物候和生態學的概念時，我喜歡引用詩詞。蘇軾《桃花》就以「爭花不待葉，密綴欲無條（密麻麻看不見枝條）」來描述桃花的先花後葉現象。白居易的《大林寺桃花》也觀察到氣候與緯度和海拔的關係，從而寫下「人間（低海拔地區）四月芳菲盡，山寺桃

花始盛開。長恨春歸無覓處，不知轉入此中來（沒想到春天躲在這山寺裏）」。

回大學時，取道大埔道，途經大埔尾村的巴士車禍現場，才驚覺距離中大入口的赤泥坪站，只有一站之遙。路祭已經結束，但巴士站仍然封閉。一次的超速，導致 19 死 63 傷，許多家庭妻離子散，春節也黯然失色，聞者傷心，聽者流淚。誠望逝者安息、生者節哀、傷者康復，亦求政府和巴士公司予以撫卹，並且趕快修改路段的安全，以及加裝安全帶和車速攝影機等安全措施。

想起崔護的《題都城南莊》：「去年今日此門中，人面桃花相映紅。人面不知何處去？桃花依舊笑春風。」朱淑真《生查子·元夕》（亦有說是歐陽修所作）也留下「去年元夜時，花市燈如畫。月上柳梢頭，人約黃昏後。今年元夜時，月與燈依舊。不見去年人，淚濕春衫袖。」

生命無常，往往未及預備，即人去樓空。面對崔護和朱淑真點出的無奈與哀愁，我們也該心存謙卑，慶幸天道永恆，桃花依舊！

2018 年 2 月 18 日

許願樹之「樹與願違」

我一直有偏見，總覺得城市人和農村人，對寵物和樹木的態度有明顯的差別。城市人呵護寵物如親生的孩子，一旦棄養則被萬人唾罵，但農村人飼養貓狗，主要是倚重牠們捕鼠和防盜的功能，偶而或有因喪失功能而被棄養也似乎沒甚麼大不了。相反，城市人看樹木為街外物，作路旁和屋苑的襯托及裝飾，每每為了方便，就隨意剪鋸，將樹冠斬首示眾；但農村人照顧樹木，為風水而刻意保育，又愛在蔭下乘涼談天，甚至奉樹木為神明，讓之守護家園、鎮宅安村。但最近到林村，目睹「香港人的榕樹」慘況，才醒悟偏見始終是偏見，難以蓋全，不過仍舊心中不快，耿耿於懷！

事緣新春期間，TVB 的《時事通識》節目介紹林村的許願樹，臉書上亦相繼出現許願樹的近照，看來相當吸引。十多年前到訪的時候不是節期，遊人不多，場面冷冷清清。當日令我印象最深的，是村內裝潢樸實的天后宮和門面相當威風的公廁，另外依稀還記得許願樹上那髒兮兮、因日曬雨淋而變成儼如垃圾廢紙的寶牒。

為了更認識許願樹的近況，我在年初五再訪大埔林村。起行之前，我先在網上看看相關的資料。驟眼看林村這名字，容易令人墮入想當然的陷阱，誤以為是林姓的村落，殊不知大埔林村指的是林村鄉，座落在大埔區，界於大帽山和大刀岃山之間的林村谷，面積頗大，從東北面自林錦公路交滙處的圍頭村開始，沿着通往錦田的林錦公路，直到西南面嘉道理農場邊界為止。整個林村鄉包含 26 條早期落戶的圍頭村（本地人）和晚期開立的客家村，是一條多姓氏的鄉村，其中最古老的是鍾屋村，村民姓鍾，早在七百多年前南宋期間立村，其他的村分別姓林、姓張、姓黃、姓沈、姓陳等。這一帶地區，得到大帽山和林村河的祝福，林木茂密，所以「林村」是指樹木茂密的鄉村。幾百年來，鄉民對樹木愛護有加，悉心保育，其中典型的例子包括社山村四百多歲的樟樹王，以及水窩村近年被盜伐的百齡土沉香樹。有些村還明訓嚴禁斬樹，於太平清醮期間除了戒

林村鄉公所前對開的小許願樹標明禁止拋寶牒
（圖片提供：梁超雲）

林村路口殘破的「香港人的榕樹」
（圖片提供：畢培曦）

殺生，也禁止伐木，村民亦會進香敬拜古老樹王。基於這種背景，我自然期望鄉民會認真照顧村內的許願樹。

許願樹的所在地是林村鄉的放馬莆村，網上有資料提到這地方以前叫「曬死雞」，我估計是因為那裏樹木稀疏。在清朝，26 條村成立六和堂，並集資在曬死雞興建一座天后宮，但因缺乏經費，建築工程一度停頓，據說當時得到一對騎馬路過投宿的鄧姓夫婦捐助三百両銀才能繼續施工，到乾隆年間（1768 年）落成，至今已有 250 年歷史，到 1998 年更被列為二級歷史建築。為了感謝鄧氏夫婦，鄉民在天后宮內設有鄧氏夫婦牌位供奉，並將曬死雞改名為「放馬莆」。

從網上找到不同來源的傳聞，聽說這座天后宮對前來拜祭的村外人比較靈驗，而根據林村鄉六和堂司理對新聞記者的解釋，「原居民只會燒香拜樹，拋寶牒只是外來遊客所為，大概由 70 年代才開始」。在 1998 年 TVB 劇集《冤家宜結不宜解》，提到往許願樹拋寶牒的習俗，因此進一步吸引很多香港居民和外地遊客，在農曆新年期間到林村許願樹許願，並將姓名和願望寫在寶牒上，然後用紅繩繫上石頭，連同寶牒拋上許願樹上。若寶牒成功掛在樹上，就表示願望可以成真，後來為免石頭傷人，才改用豆袋或膠桔。

我在林錦公路的放馬莆站下車，再橫過馬路到達林村牌坊對開的路口。金漆大字的林村牌匾高掛在上，好不威風，引來遊人爭相拍照留念，我也不甘後人，連連「selfie」。自拍時，我瞥眼看見在村口的路旁有個鐵欄，欄上插着多幅三角大彩旗，靠近前看，立時令我震驚。欄內蹲着一株灰蒼白色的老榕樹，樹形破碎、五癆七傷、枝葉疏離，多條主枝已被粗暴地鋸斷，頂部還有個黑色的傷口破洞，全靠多根木柱支撐，像被拋棄在門外的老狗，瘦骨嶙峋、垂頭喪氣、慘不忍睹。我想起了，那是前一次來參觀時，站在村口的許願樹！啊，是的，它在 2007 年的「港人‧港樹‧港情」選舉中，以 2,286 票獲選為「香港人的榕樹」。以往它奮不顧身承擔了太多太多的寶牒祈福，甚至無盡的奢望，沒有適當的休息，以致終於累倒了。在 2005 年農曆年初四，粗大的枝幹體力透支，負荷不了寶牒

重量而倒塌，壓傷兩名祈福人士，政府翌年禁止往樹上拋寶牒，只容許將寶牒掛在許願樹旁的許願架上。

以往林村先後已有一株老樟樹和洋紫荊樹，在擔當許願樹時，因失救而遇害，如今這一株棄置在路旁，丟人現眼，令人神傷！沒有珍惜家園的守護樹，沒有認真照顧向老天請願的代表，結果簡直殘忍！

幸好，再往前走時，發現在林村鄉公所前對開的另一株許願榕樹，圍欄標明禁止拋寶牒，祈福的信眾只能將寶牒掛在旁邊的寶牒架上，這樣秉承鄉例傳統的規定，是可喜的進步，免得「樹與願違」。

2018 年 3 月 18 日

許願樹之「許願嘉年華」

　　在網上瀏覽時發現一則舊聞，提到英國布萊頓市有個畫家，開車時忘記放在車頂上的兩幅畫，到醒覺時停車發現畫作已不知所終，於是他在市內的樹上，用打釘鎗釘上失物懸賞單張，結果收到市政府寄來罰單，要罰款 75 英鎊，理由是「樹木也有生命！」市府的官員說「不能容讓任何人隨意在樹上釘掛告示，因為傷害樹皮會讓樹木有機會遇到不測，一旦受到真菌孢子感染，嚴重時可導致整棵樹死亡」。

　　許多時候，我們容易忘記「樹木也有生命」，是活着的有機體。樹會呼吸，還會通過光合作用濾除二氧化碳，釋出氧氣，是天然的空氣清新機。樹是有記憶的，習慣將歲月用年輪銘刻在心坎裏，把歷練展示在樹皮上，以木栓修復撕裂和折斷的傷口。樹對氣候和環境的變化相當敏銳，隨季節改動而長出新葉、展示新枝、綻放花朵、獻呈果實、告別落葉。樹也是有感情的，喜歡人類的關懷和照顧，願意靜聽人們的傾訴和保守秘密，願同甘共苦為人類擋風擋雨、遮蔭保土，甚至為人類的福祉而犧牲小我，化為樑木與家俬……但樹也是有尊嚴的，樂於盛裝示人，羞於殘缺不全！

　　2018 年新春期間，我到林村去看許願樹，沒料在林村鄉公所路路口，見到一棵樹形破碎、五勞七傷的過氣許願樹，被丟棄在路旁，令人神傷！這棵老榕樹在 2007 年的「港人・港樹・港情」選舉中，還曾經大紅大紫，以高票當選為「香港人的榕樹」，沒想到它二十多年來一直努力，奮不顧身承擔了太多太多的寶牒祈福，甚至無盡的奢望，而未獲憐惜，以致體力透支，負荷不了寶牒的重量而倒塌。如今久病纏身，被棄置在路旁，丟人現眼，盡顯世態炎涼，實在令人髮指！據林村鄉公所的資料顯示，這棵榕樹長在官地上，鄉民無權處理，看來有關部門應該及早規劃，甚至讓這病入膏肓的榕樹維持尊嚴，光榮引退，讓出位置，好配合美化旅遊勝地。

　　由於這老榕樹枝幹倒塌時，壓傷兩名祈福人士，政府於 2006 年禁止往樹上拋寶牒，只容許將寶牒掛在許願樹旁的許願架上，結

林村現時的仿真許願樹（圖片提供：梁超雲）

果人流大不如前，林村攤擋的寶牒亦要減價求售。林村鄉民唯有創新求變，趁林村公立學校於 2004 年結束，便於 2009 年將學校原址，改變為林村許願廣場，並且採用一棵只有 5 米高的人造許願樹，讓遊客恢復拋寶牒的樂趣，翌年，更從廣州訂製一棵高約八米的仿真細葉榕，成為林村新的許願樹。到 2011 年，林村開始舉辦許願節，除了有拋寶牒外，還有其他賀歲節目。

我在這棵老樹旁邊的小通道，前往許願廣場，途中經過許願池。與其說是許願池，倒不如說是個圍繞着正方形草坪邊緣的狹窄人工水道，每邊長約 10 米，寬約 20 厘米，通過電力推動水流。當遊客填寫許願卡後，插在蓮花燈上，亮起 LED 燈，再輕放在池水上，讓它緩慢地繞着水池飄浮，煞是浪漫。

許願池旁的臺階上，有一棵十多米高的榕樹，樹旁還有塊巨石，石上有饒宗頤教授的墨寶，寫着「林村許願樹」的題字。這棵榕樹相信在悉心保育，禁止拋掛寶牒之下，會成長為許願樹皇，我期望它能媲美台灣成功大學榕園的老榕樹，發揮出祥和的祝福！

在許願廣場中央，豎立着那 8 米高的仿真許願樹，樹上掛滿用紅繩串連的膠桔和許願卡。遊客也不管許願樹是否真假，紛紛將膠桔

饒宗頤題字的許願石（圖片提供：畢培曦）

和許願卡拋上仿真樹上，樂在其中。據云最有效的方法是將許願卡捲起，再用紅繩緊緊繞着卡片，連同膠桔一起拋到樹上，成功率將高達八成！

　　廣場內還有小食攤位、情人鎖、花車展等多個玩樂的區域，多采多姿，但其中最值得介紹的，是位於原村校內的「傳統智慧樂活館」所舉辦的集體裝置（參與式設計）生態藝術展覽，主題是「魚菜共生」。整個展覽佔地約 10 米寬、15 米深，地上種着菜心，兩旁各有 12 根木柱和竹竿，由高至低，左右每對木柱用膠纜連接，纜上穿上約三十個透明或藍色的膠樽，其排列次序鈎畫出一條魚的形狀，象徵藍色的魚在白色水中自然游動。整個展覽由六名不同專業的創作人於年三十晚，在 24 小時內一起完成，目的是把潔淨回收的觀念帶入自然生態圈中，而膠樽下是蓬勃生長的菜田，作為「魚菜共生」的象徵。展覽期間，更邀請遊客填寫新年許願卡，承諾潔淨回收膠樽，救救海洋魚兒。填寫的許願卡隨後掛在膠纜上，融入裝置藝術內，參與成為新的展示方式！

　　看來許願廣場還有許多可以發展的方向，例如在平日作為求婚和訂婚許願的樂園，以及環保回收藝術品的露天展覽館。

2018 年 3 月 25 日

樂有水仙迎新歲

「高等植物學」這門課安排在下學期，到一月初開課時，往往非常接近或甚至已經踏入農曆臘月，因此系內實驗室的大總管會及早訂購漳州水仙頭，而照顧這門課的講師則幫忙查問實驗室空檔的日期和時間。到預訂好實驗室後，我便發出電郵通告，讓有興趣學習切割水仙頭的學生報名參加。

在設計課程重點時，其中一項考慮是儘量兼顧本地實際的情況，例如「香港植物和植被」這門課定必要求學生認識與香港市花洋紫荊相關的命名、歷史，以及不育的原因和研究進展。至於水仙花，則是香港人在農曆新年首選的其中一種年花，但絕大多數的學生對水仙花的認識不多，更沒有親手浸水仙頭的經驗，因此在拜年時對水仙花完全沒有發言權，只能隨着附和，稱讚水仙花的香味，所以我在植物學實習課以外增添這項活動，有興趣的學生可額外抽空參加。

發出的英文電郵通告大意如下：「『高等植物學實習課』茲訂於某月某日下午某時某實驗室，舉辦水仙頭切割實習，參加的同學屆時每人可領取兩個水仙頭和一個寬口膠盆，即場切割後可帶回家或宿舍繼續浸水照顧。有意參加的同學，請與某講師報名。礙於實驗室座位有限，額滿即止。」雖說有名額限制，但早已多訂了實驗室，待講解完畢後，部分學生就會分流至另一實驗室，進行切割活動。

電郵通告同時又列出一些參考文獻和網頁，方便學生預先翻閱，另又建議幾條問題，供學生思考，包括「香港過年擺設的水仙花是哪科、哪屬、哪種植物？學名是甚麼？原產地在哪裡？為甚麼要切割水仙頭？水仙頭切割後的生長期間，多曬陽光有甚麼好處？水仙花和水仙頭有甚麼形態特徵？」

開始講解切割水仙頭的步驟和手法之前，例必先來個開場白，並且向負責示範的溫室同事致謝。我說「大二那年，我決定主修植物學，回到家裏，父親問我讀植物學會有甚麼用途？雖然他只是希望多了解，並無非議，但當年作為本科生的我亦不易回答。而大家經

浸水仙頭（圖片提供：謝卓華）

過今天的實習，最少能帶一盆自己浸的水仙回家過年！」

在學生的笑聲中，立即有學生舉手發問：「看過介紹的資料，説水仙原產於地中海一帶，但學名又包含『*chinensis*』，那究竟怎麼一回事？」

「問得好！」我説。「這個問題也曾令專家引起疑惑。先説整個水仙屬（*Narcissus*），約有 60 個種，起源中心（變異中心）在地中海和歐洲西南一帶，其中包括多花水仙（*Narcissus tazetta*）。屬名可能源自希臘文 narkē 一詞，意思是麻痹，因為煮食水仙可以導致中毒，長期接觸亦可以引起皮膚炎，本地和大陸不時會見到誤將水仙頭當洋蔥食用，引致中毒的報道。但亦有説屬名可能與希臘神話中的美男納西瑟斯（Narcissus）有關，他貌比潘安，時常看着水面的倒影，自我欣賞，連仙女厄科（Echo）也被他迷住，單戀成癮，無法自拔，結果傷心而死，化作空谷回音（echo）。復仇女神涅墨西斯（Nemesis）決定懲罰納西瑟斯，將他變為水仙花，永留在水邊，顧影自憐。自戀狂（narcissism）一詞，亦源於此。」學生似乎聽得津津

單瓣水仙（圖片提供：劉惠貞）

重瓣雙托水仙（圖片提供：鄭國貞）

有味，希望這觀察不是因為我的自戀。

「香港過年擺設的水仙花主要是 *Narcissus tazetta* var. *chinensis*。」我繼續說，「這是多花水仙的一個變種，有農學院的專家就曾被『*chinensis*』這名字誤導，硬以此作為原產中國的證據。但學名中的地名，往往以命名者收採標本的來源作為依據，並不等同原產地，例如桃花（*Prunus persica*）和垂柳（*Salix babylonica*），學名中分別指波斯和巴比倫，但兩者均原產中國。」學生又一陣騷動。

「香港的花墟和花店，亦有進口其他品種的洋水仙，但主流的仍是中國水仙。據了解，水仙這名字最早見於宋朝的記載，較早前唐末的段成式著有《酉陽雜俎》，文中提及『棕祇出拂林國……莖端開花六出，紅白色，花心黃赤，不結子……』，憑其描述，「棕祇」與波斯語『nargi』（水仙）同音，應該是一種水仙，而拂林國即是東羅馬帝國。明代《長物志》更提到水仙『六朝人稱為雅蒜』，那就比隋唐更早。作為外來歸化植物，首傳地點在湖北荊州一帶，及後水仙的栽培中心多次轉移，自清康熙中期以來，漳州就成為全國水仙種植、貿易和出口的主要地區。但中國水仙是個三倍體，不能結子，只有靠無性培植」。

說到這裏，講師多次示意叫停，免得阻礙示範，讓學生有充分的時間學習切割水仙頭，所以我唯有就此打住，讓講師接手主持。

2019 年 2 月 3 日

年度植物「豬屎豆」

　　除夕到岳家團聚，飯後又唱卡拉 OK，回味了好些陳年金曲；盡興後，睡得比較晚，但習慣改不了，年初一還是大清早就爬起來。打開手機，還未輸入密碼，來訊提示已經噹噹響，原來 WhatsApp 和微信連續傳來親友及學生的賀詞和賀歲圖片，還有各式各樣創意的賀年短片和微博短訊。

　　按序一一打開，即時一一回敬祝賀。有些短訊比較長，但不乏精彩的創意，竟然借題發揮，「美國報道：『在侵侵發動的中美貿易戰壓力之下，中國已陷入西方媒體和悲觀經濟學家預測的那種景象，包括工廠停工、商店關門、政府停頓、股市無法交易、大量工人逃離城市回鄉、有錢人拖男帶女舉家奔向海外、老百姓急於把貨幣兌換成食物、許多家庭更在門口張貼標語表達訴求、街上充滿着爆炸物殘留的火藥味、人們大都無所事事、酗酒打牌、碰面時抱拳用四字經問候對方，而最慘不忍睹的是兒童成群結隊去討錢……』中國外交部回應：『你懂個屁，那叫過年！』」

　　跟着再按入一個舊生群組，滿是互相拜年的短訊。還未插入賀詞，噹一聲又送來一個舊生的短訊，但他除了賀詞之外，還追問一句：「教授，尚未見到您的賀年卡，選定了豬年的年度植物沒有？」

　　這舊生相當精明，留意到我愛選用植物圖照製作賀卡，今年元旦送的賀卡是用倒地鈴（*Cardiospermum halicacabum*）那圓圓像燈籠的果實插入「2019」，代替其中的「0」字，而去年中秋、農曆新年和元旦用的分別是桂花（*Osmanthus fragrans*）、桃花（*Prunus persica*）和合歡（*Albizia julibrissin*）。

　　由於年底時，身在外地，未暇製作年卡。看見這提問，只好放下手機，打開電腦，搜索圖片。豬年可以選用的植物實在不少，包括豬籠草（*Nepenthes mirabilis*）、豬殃殃（*Galium spurium*）、山豬

菜（*Merremia umbellata* subsp. *orientalis*）等，但最吸引我的是豬屎豆。

　　豬屎豆廣義來説，包括整個豬屎豆屬（野百合屬 *Crotalaria*）的植物，是豆科蝶形花亞科下的一個屬，屬下共有約 700 個種，為一年生或多年生草本或亞灌木植物，主要分佈於熱帶和亞熱帶地區的荒廢地和河床砂礫地。《香港植物名錄》收錄豬屎豆（*Crotalaria pallida* var. *obovata*）、印度麻（*Crotalaria juncea*）和吊裙草（*Crotalaria retusa*）等 13 個種和 1 個變種。我在臉書的群組內挑選了豬屎豆的花和果兩張圖片，將它們並排，然後在兩者中間，插入粉紫紅色的寬帶，再垂直加上「祝豬年諸事順利」的祝詞，製成豬年的賀卡。

　　再打開手機，發現群組內已引起其他學生湊熱鬧，互相討論豬年的年度植物，當我傳上剛製成的賀卡後，有幾個學生即時回應：

　　「豬屎豆！啊，好得很，諸事順利！諸事順遂！諸事大吉！」

蝴蝶在豬屎豆覓食（圖片提供：劉漢聲）

豬屎豆花（圖片提供：劉惠貞）

「是豬屎豆嗎？黃花很漂亮啊！」

「謝謝您，叫豬屎豆，這麼趣怪⋯⋯長條形的果實，讓我想起『樂家杏仁糖』！」

「啊，我們在野外實習時也見過豬屎豆，長條形的莢果會變成棕色，更似豬屎吧！真的豬屎倒沒見過。」

學生七嘴八舌，每句還加上「emoji」表情圖像，令交談更加豐富。我基本上不必插嘴，學生陸續談論。

「記得小時候，拿豬屎豆的老果當響鈴，搖動時種子在豆莢內會滾動發響⋯⋯」

「真的嗎？好玩啊，像響尾蛇那樣？」

「真的，豬屎豆的種子在豆莢內，急不及待，成熟後就從種柄脫落，所以搖動老果時會發響，其他品種亦有這特徵。屬名 Crotalaria 源自希臘文 κρόταλον，意思是響板（castanet），英文名字叫 rattlepods，響尾蛇屬屬名（Crotalus）也一樣。但也有如球果豬屎豆（Crotalaria uncinella），果實只有 7 毫米大，內含兩粒種子。」我補充說。

「教授，豬屎豆和吊裙草等植物，我記得是蝴蝶和飛蛾喜歡的啊。」

我還未開口，其他喜愛昆蟲的學生就搶先說，「豬屎豆屬的植物含有毒的吡咯里西啶生物鹼（pyrrolizidine alkaloids），是某些蝴蝶和飛蛾的寄主，幼蟲通過嚼食，在體內積存吡咯里西啶生物鹼，以防天敵捕食；有些雄性蝴蝶會汲取豬屎豆屬植物的汁液，吸收吡咯里西啶生物鹼，用來生產性費洛蒙（sex pheromone），吸引異性⋯⋯」

看來，選擇豬屎豆作為豬年年度植物，認受性頗高。

2019 年 2 月 10 日

情人節

　　從專業的角度考慮，認真的考證是絕對必須的，但對熱戀相思的情人來說，兩情若是久長時，又豈會拘泥於紅豆或綠豆。

——〈紅豆話相思〉

紅豆話相思

花草本是無辜的，它們無法禁止詩人借題發揮，硬將它們牽連在內；樹木也是無奈的，它們難以阻擋墨客無事生非，強拉它們參與其中。本來逍遙自在的垂柳，一旦落入詩詞歌賦的網羅，只好裝扮出一片愁容，陪着離人相看淚眼、無語凝噎；向來優雅的牡丹，逢年過節，亦得顯示豪氣，讓人家開開心心，互祝富貴。更有可能是，個別吟詩作對的名家，從未見過內容所指的植物，又或以訛傳訛、張冠李戴，亦因年月久遠，資料不全，要考證文內植物的身份絕對不容易！但這份挑戰，就留給我們處理。

王維寫的「紅豆生南國，春來發幾枝。願君多採擷，此物最相思。」就是個好例子。歷代以來有許多不同的版本，其中常常出現異文，包括「願君」或作「勸君」，以及「多採擷」或作「休採擷」，但這些改變只是意境上的差異，而且各有風韻和味道。更複雜而且會直接影響鑒定結果的是把「紅豆」改作「紅杏」、將「春來」寫作「秋來」。在判斷的時候，必須考慮植物的物候和分佈。紅杏可能是北方人民更為熟悉的植物，因它主要生長在華北和西北比較寒涼的地區；但紅豆倒多見於較溫暖的華南和華東，這對主要在山東和洛陽活動的王維來説，似乎比較貼近「生南國」的意思。

至於「春來」還是「秋來」，我們可以嘗試追查古籍。據了解，在最早收錄的文集中，這首詩並無標題，只記載關於樂工李龜年，在安史之亂期間，曾於湘潭中採訪使筵席上唱：「紅豆生南國，秋來發幾枝。願君多採擷，此物最相思。」根據唐代和宋朝的文獻，《相思》原文是「秋來發幾枝」。到清代，《唐詩三百首》等詩集才改為「春來發幾枝」。對一般人來說，春天開花和萌發新枝的確比較容易理解，但詩中考慮的是紅豆，其果實在秋季結於枝頭，故此很大可能是王維在問秋天來到，樹上掛了多少果實？這樣解釋應該更順理成章接着勸君順手多採擷。

至於紅豆是哪個品種則要翻查古籍，看看有甚麼提示。晉朝的

劉淵林指出「相思，大樹也。材理堅……可作器。其實如珊瑚，歷年不變。東冶（福建）有之。」唐朝的李匡更加詳細，描述説「豆有圓而紅，其首烏（黑色）者，舉世呼為相思子，即紅豆之異名也。其木斜砍則有文（紋），可為彈博局及琵琶槽。其樹也，大株而白，枝葉似槐（*Styphnolobium japonicum*）。其花與（蘇木亞科的）皂莢花（*Gleditsia sinensis*）無殊。其子若扁豆（*Lablab purpureus*），處於甲（莢）中，通身皆紅。李善云：其實赤如珊瑚。是也。」而李時珍在《本草綱目》中也記錄「相思子：生嶺南，樹高丈餘，白色。其葉似槐，其花似皂莢，其莢似扁豆。其子大如小豆，半截紅色，半截黑色。彼人以嵌首飾。」根據這些文獻所述，紅豆應該來自具羽狀複葉的大樹（喬木），樹幹白色，花朵屬蘇木亞科的類型，種子圓形、扁平、赤紅色，或作半紅半黑。

根據這些描述，我們輕易排除相思樹（台灣相思）褐色的種子。日常用來煮粥和作餡的紅豆是腰形的設計的，所以亦不是相思的品種；同一理由，Tiffany & Co.（蒂芙尼公司）品牌腰形的「Elsa Peretti® Bean」雖然在台灣也推廣為相思豆，但一定不等於中國文化中的相思紅豆。

相思子

海南紅豆

凹葉紅豆
（以上圖片由劉惠貞提供）

　　剩下來豆科中常見的還有三個屬的植物，具有紅色或半紅半黑的種子，分別是相思子屬（*Abrus*）、海紅豆屬（*Adenanthera*）和紅豆屬（*Ormosia*）的植物，它們的種子都有用來製作手鏈和其他裝飾品。

　　相思子屬的植物包括廣為熟識的相思子（*Abrus precatorius*）和清熱利濕的中藥雞骨草（*Abrus cantoniensis*）。相思子在台灣稱為雞母珠，其種子圓珠形、半紅半黑；但它是藤本植物，不是喬木，而且花朵屬蝶形花亞科的類型，故此也不是王維詩中的紅豆。

　　海紅豆屬在中國只有海紅豆（*Adenanthera microsperma*）這個品種，在台灣稱為孔雀豆。它是喬木，樹皮灰色，平滑，老樹時顏色較暗，易剝落，具羽狀複葉，種子鮮紅色，略程心形，而且腹面和背面都在近中部暗藏心形虛線，相當漂亮。它的花朵在結構上屬

含羞草亞科的類型，但整體來説花序與皂莢花相當接近。唯一稍被專家質疑的，是它主要分佈在華南、東南亞和南亞。

紅豆屬（*Ormosia*）的植物在中國有 37 個品種，香港有海南紅豆（*Ormosia pinnata*）和凹葉紅豆（*Ormosia emarginata*）等 5 個品種，絕大部分是喬木，樹皮灰綠色或灰棕色，具羽狀複葉，花朵與皂莢花一樣，都是蘇木亞科的類型，種子紅色、扁圓形，主要分佈於華南和華東；植物專家選取了其中的紅豆樹（*Ormosia hosiei*）作為王維詩中紅豆的來源。

從專業的角度考慮，認真的考證是絕對必須的，但對熱戀相思的情人來説，兩情若是久長時，又豈會拘泥於紅豆或綠豆。在《花生》漫畫中，露茜（Lucy）暗戀彈鋼琴的舒路達（Schroeder），但舒路達對她愛理不理，於是她向查理布朗（Charlie Brown）投訴，説舒路達若是害羞，總可以送她一朵玫瑰，查理布朗反問送她雜草蒲公英又如何？露茜想了想，大聲回應説「好，照殺！」

還有兩星期，就是西方的情人節，再過多一個星期，就是中國的元宵情人節。願天下有情人都成了眷屬，是前生註定事莫錯過姻緣。

2016 年 1 月 31 日

猴媽媽的耳環和粉撲

今天是情人節。「情人」是個複雜的名詞，有多種的意思，既指多情的人，又指感情深厚的友人，更指情深意篤、彼此相愛的男女戀人；另外還指婚外性伴侶，就像《查泰萊夫人的情人》。

在網上找到一段露骨的比較，作者不可考，但頗值得借來分享。「妻子就是你願意把積蓄交給她保管的女人。情人就是你偷偷摸摸的去跟她約會又怕妻子撞見的女人。紅顏知己就是你能把有些秘密說給她聽卻不能說給妻子聽的女人。妻子陪你過日子，情人陪你花鈔票，紅顏知己陪你聊聊天。妻子不能代替情人，因為她沒有情人的情調；情人不能代替妻子，因為她沒有妻子的親情；妻子和情人都代替不了紅顏知己，那是心靈的需要。妻子是一個和你沒有一點血緣關係的女人，卻為你深夜不回家而牽腸掛肚；情人是一個和你沒有一點家庭關係的女人，卻讓你嚐盡做男人的滋味盡情銷魂；紅顏知己是一個還沒有和你扯上關係的女人，卻能分擔你的快樂和憂愁。妻子是一個家，是一個能給你浮躁心情帶來安撫的港灣；情人是家的累贅，只是不到萬不得已不想甩掉；紅顏知己是家的點綴，沒有她你不會覺得寂寞，但你會覺得生活沒意思。妻子的關心像一杯白開水，有時會成為一種嘮叨，只是在生病時才成為一種溫馨；情人的關心像在白開水裏加了一勺糖，慢慢的品上一個晚上還不滿足；紅顏知己的關心就像工作到午夜喝一杯咖啡，愈喝愈提神。妻子懷上你的孩子會深情地問你想要男孩還是女孩；情人懷上你的孩子會哭着來問你該怎麼辦？對於紅顏知己，你會把你情人懷孕的消息告訴她並問她該怎麼辦？至於妻子，你會在她發現你情人肚子大了的秘密後才告訴她說『我早就想告訴你了』，然後拼命的向她解釋並作可憐狀。妻子回了娘家一個星期不回來你也不想；情人三天不見你就給她打電話問『上哪去了？今晚我們到老地方喝杯咖啡好嗎？』心中苦悶，你最想找個紅顏知己傾訴，告訴她你在妻子和情人之間疲於奔命，實在受不了。最讓男人受不了的是妻子的嘮叨、情

人的眼淚、紅顏知己的誤解。妻子的嘮叨使男人的心亂上加亂；情人的眼淚讓男人已硬的心變得酥軟；紅顏知己的誤解把男人的心由懸崖推向谷底。」

男人一生最大的祝福，是有個兼任情人和紅顏知己的妻子；她既是孩子的媽，又容忍你的跳皮（調皮），還擁護你作個大男人，到緊急關頭，更會挺身而出，協助支撐大局。

除夕前一個星期天，花墟遊人擁擠，年花堆滿店內的空間和店外的路邊，目不暇給。上個月天氣反覆、忽冷忽熱、晴天不多，水仙大多長得緩慢，沒見幾莒花莖，雖然便宜，但買不下手。幸好發現有開白花的複瓣洋水仙，相當漂亮，而且帶有濃郁的香味，盆上還插了花牌，名稱是「新娘的冠冕」（Bridal Crown），正配合今年家中的喜慶。洋水仙旁邊不遠處還擺放了曾經是以色列國花的兔仔花，其中紅色和粉紅色的都十分燦爛，每盆有二十多朵盛開的花朵，而且在心形的葉片之間，還冒着二十多個花蕾；這是我特別鍾愛的植物，花形討好、花期又長，而且容易打理。將兔仔花放在茶几上，多會引起客人的興趣，我會解釋是特意為他們的光臨而挑選的，因為植物正確的名字是「仙客來」（Cyclamen）⋯⋯在花墟左挑右選，終於在家中放滿年花。

今天年初七「人日」就是西方的情人節，但家中滿是年花，再送玫瑰就沒甚吸引，考慮良久終於想到首飾或化妝品。耳環似乎是個好選擇，但在網上選購時，才發現款式五花八門、類型繁多；先不說材料，光是佩戴的方法就有針狀、夾狀、懸掛式等許多類型⋯⋯心裏還要記得大小和顏色要盡量配合面形和衣裝，千萬要避開致敏的鎳合金。「海綿氣墊 BB 霜」也頗吸引，設計模擬蜂巢儲蜜原理，將 BB 霜緊鎖在具有萬千細孔的海綿氣墊粉芯內，方便均勻地撲粉，打造出如空氣感一般的裸妝效果。看着耳環和粉撲，讓我聯想到豆科植物猴耳環和紅絨球，兩種植物與台灣相思（*Acacia confusa*）和海紅豆（*Adenanthera microsperma*）都是含羞草亞科的「親戚」。

猴耳環（*Archidendron clypearia*，舊名 *Pithecellobium*

亮葉猴耳環的果實和種子

紅絨球

（以上圖片提供：張保華）

clypearia），在內地又稱圍涎樹，可高達 10 米，具二回羽狀複葉，小葉斜長方形，排列成四至六對對稱的羽片，十分高雅漂亮。它的莢果通常旋卷或彎曲，開裂後果瓣通常扭卷，邊緣垂掛着多粒種子，直像懸吊着珠寶的圓旋型耳環。至於同屬的亮葉猴耳環（*Archidendron lucidum*）結的莢果則更粗大動人。猴耳環早在明朝李時珍的《本草綱目》便有記載，用幼枝和葉加水煎煮的濃縮浸膏有消炎作用。

　　紅絨球（*Calliandra haematocephala*），又稱朱纓花，是園藝寵兒，原產南美。它是灌木或小喬木，具二回羽狀複葉，只有羽片一對，小葉 7 至 9 對；頭狀花序腋生，連花絲直徑約 3 厘米，有花約 25 至 40 朵；花冠管長達 5 毫米，淡紫紅色；雄蕊突露於花冠之外，非常顯著，雄蕊管長約 6 毫米，白色，上部離生的花絲長約 2 厘米，深紅色，十分奪目，整個花序看似紅色的絨球，又像粉撲，難怪英文名叫「powder puff」。

　　分神寫了這麼多，還是回到網上選購，時間緊迫……

2016 年 2 月 14 日

清明節

一條辮路，並非常規的車路，遊人稀少，相當清幽⋯⋯小路變得比較開揚，在柔和的陽光下漫步，聽聽鳥語風聲，也是清明時節不錯的踏青選擇。

——〈清明，桐始華〉

清明，桐始華

期望別人想起你？那就趕快把握機會，與他一起深入認識一種植物；以後當他碰上這植物時，他就會想起你！

似乎川端康成也有相近的看法，至少日本女作家有川浩在《植物圖鑑》是這樣說的：「『分手前告訴男人一朵花的名字吧！花兒年年綻放。』……聽說這句話是大文豪川端康成留下來的。」

清明假期後的週末，我回到校園，去探望大學為紀念胡秀英教授所種的鐵冬青樹（Ilex rotunda）。在大學站下車後，經過康本國際學術園，然後在將抵眾志堂前，轉入旁邊的「一條辮路」。這條小路兩端連接火車站和崇基禮拜堂，是前往近60年歷史的應林堂、明華堂和華連堂三間學生宿舍，以及舊醫療室的捷徑。雖然寬度只容許一輛小房車行走，但一條辮路的鬼故事倒是遠近馳名。在70年代初期，崇基學院的學生就傳出有男生在晚上急步返回宿舍途中，看到前面有個穿白衣留着長辮的女生朝着相同的方向漫步；在越過女生時，他稍回頭順口說：「咁夜嘅（這麼晚）？」誰知那女生轉向他時，沒見有面孔，而只見一條辮，男生即時「打個突」，跟着嚇得魂不附體，飛奔回宿舍。網上流傳的情節，居然加鹽加醋說女生是為情輕生的大學生，或從火車掉下喪生的內地難胞，又言之鑿鑿說事情發生在靠近火車路段但遠離崇基校園的環迴東路。那年代，傳言讓女生提心吊膽，有個別還怕得在入夜前提早返回宿舍，而男生則樂於充當護花使者，所以有笑談認為是追女仔放出的煙幕。

一條辮路，並非常規的車路，遊人稀少，相當清幽。早年樹木濃密或許有點陰森，但近年校方已清理一部分靠東面的樹木，小路變得比較開揚，在柔和的陽光下漫步，聽聽鳥語風聲，也是清明時節不錯的踏青選擇。

清明是二十四節氣之一，長約15天，期間的物候變化包括「桐始華（開花）、田鼠化為鴽（鵪鶉）、虹始見。」所以我走進小路後，就開始留意路上的落花；沒走多遠，就看到躺在路邊的白色花朵，

拾起來看，花冠 5 瓣，花心（喉部）淡綠色至紅褐色，有雄蕊 8 至 10 枚，分兩輪排列，那是木油桐（*Vernicia montana*）的雄花。以往，一條辮路種有許多木油桐，每年春末夏初，木油桐盛開，樹冠上展示大簇大簇的白花，像白雪覆蓋樹頂，極為壯觀，而且雄花花柄脆弱易斷，斷落時整朵掉落，灑滿一地，往返宿舍和課室時，恍如踏在花徑上，相當浪漫。木油桐的種子含大量油脂，壓榨出來的油就是桐油，是保護木器和工藝品的上等油漆。

看見木油桐令我想起崇基學院第二任院長凌道揚，他是林學專家，曾應民國時期的副總統黎元洪的邀請參與制訂中國近代第一部《森林法》，又幫助總理孫中山擬定《建國方略》中關於林政計劃的部分。中國得以設立植樹節，也是他上書倡議的。他擔任院長後，向港府申請取得新界馬料水的土地，面積共計十英畝，作為永久校址，港府隨即在校園旁增建火車站。其後，他向政府申請租借三十英畝毗連的土地，用作植林實驗，但港督考慮到凌院長為農林學家，反建議租借三百英畝予崇基。校園中的木油桐，相信也是當年植林實驗留下來的。

想起凌院長，我亦不期然想起中大校徽上的鳳凰。《詩經‧大雅‧卷阿》提到「鳳凰鳴矣，于彼高岡。梧桐生矣，於彼朝陽。」《魏

木油桐（圖片提供：李敬華）

書・王䝬傳》則說「鳳凰非梧桐不棲」，而《莊子・秋水》也論及南方的神鳥「非梧桐不止，非練實不食，非醴泉不飲。」

梧桐（圖片提供：張保華）

胡秀英教授相信鳳凰棲息的梧桐並非梧桐科的梧桐（*Firmiana platanifolia*），也不是大戟科的木油桐，而是原產中國的泡桐屬（*Paulownia*）植物，理由是泡桐先花後葉，白色或紫色的花朵在枝頂密生成華串，恭迎鳳凰，也是清明「桐始華」所指的桐。胡老師是泡桐屬的權威，著有 A monograph of the genus *Paulownia*（泡桐屬專著）和 The economic botany of the Paulownias（泡桐之經濟植物學）。玄參科有個秀英花屬（秀英桐屬 *Shiuyinghua*），就是表揚胡教授對泡桐屬研究的貢獻。

泡桐屬有七個品種，在香港的公園，可以看到高大的白花泡桐（*Paulownia fortunei*），其葉片長卵狀心臟形，長達 20 厘米，頂端長漸尖或銳尖，新枝上的葉有時兩裂，葉底被毛，葉柄長達 12 厘米。花序狹長幾成圓柱形，長約 25 厘米，花萼倒圓錐形，花冠管狀漏斗形，白色或淺紫色，長 8 至 12 厘米，外面有星狀毛，內部密佈紫色細斑塊，相當漂亮。雄蕊四枚，二強型（didynamous）。蒴果長圓形或長圓狀橢圓形，頂端具喙，宿萼開展或漏斗狀，種子具翅。

邊行邊想，細看植物，思念故人……

2018 年 4 月 15 日

白花泡桐（以上圖片由劉惠貞提供）

受苦節

　　當有幸近距離接觸百齡老樹，總會感受到它們的堅毅與祥和，以及深沉的睿智。它們毫無保留地抒發出迷人的魅力，甚至懾人心魂的魔力，讓人肅然起敬，令帝王將相甘心膜拜，使平民百姓燒香叩頭、祈福許願。

——〈許願樹之「掛在木頭上」〉

棕枝、鐵枝、楊柳枝

上週日我到東正教大教堂，參加他們的聖體禮儀，之前在 3 月 20 日我又前往天主教座堂守彌撒，因為東正教和天主教（及基督教）分別在這兩天舉行「聖枝主日」（棕樹主 Palm Sunday），我希望可以看看他們選用甚麼植物來紀念耶穌進入耶路撒冷。若要交待聖枝主日的背景，就得從《出埃及記》說起。

根據《舊約聖經》，猶太人（以色列人）在埃及為奴 430 年後，摩西蒙召要帶領猶太人離開埃及，前往迦南這應許之地。在爭取的過程中，埃及的法老王多次反悔，結果碰上 10 次天譴，包括血災（尼羅河的清水全變成血水）、蛙災（大量青蛙遍佈埃及）、虱災（幼童頭髮佈滿虱子）、蠅災（蒼蠅肆虐）、疫災（家畜感染瘟疫死亡）、疹災（成人長出起泡的皮膚病）、雹災（天降冰雹）、蝗災（蝗蟲佈滿埃及）和夜災（三天三夜不見太陽）。這些災害似乎牽涉到環境污染、衛生管理不善的問題。到最後摩西知會猶太同胞，在猶太曆正月 14 日黃昏，宰殺無殘疾、1 歲的公羊羔，用火將羊烤熟，與無酵餅（unleavened bread）和苦菜（hyssop）同吃，並且把羊血塗在房屋左右的門框和門楣上。當晚門上沒塗羊血的埃及人的長子全都暴斃；埃及舉國哭聲震天，法老王於是下令摩西和所有的猶太人立刻離開埃及。猶太人慶幸神的使者在那夜略過他們的住所，沒有擊殺他們的兒女，並且得以逃離埃及，因此逢每年的正月 14 日的黃昏開始為逾越節（Passover），並將隨後的七天定為無酵節（Feast of Unleavened Bread），只吃沒有發酵的包點，以紀念倉皇逃出埃及的經歷。

我到以色列旅遊的時候，導遊亦為我們預備逾越節的食物，包括苦菜（用辣根 horseradish 代替）、鹽水、羊骨、葡萄酒和大麥製成的無酵餅等，而且上每道食物時，還要誦念不同的經文和禱詞。這些繁文縟節，對我來說或許有點新鮮感，但說實在的，對孩童來說是頗為沉悶的，而且餓着肚子，也不好受。但猶太人亡國三千多

聖路加宣道者正教大教堂派發棕櫚葉十字架
（圖片提供：畢培曦）

在香港聖彼得聖保羅東正教堂裝飾的
柳枝、棕樹枝和菊花（圖片提供：遲秋農）

聖母無原罪主教座堂信眾持蘇鐵葉進入座堂（圖片提供：畢培曦）

年、流落在世界各地，在無根的情況下，也許就因為仍然維持對信仰的執着、對文化的堅持、對歷史的尊重，讓席上的孩童年復年、月復月接受薰陶，才足以有復國的宏願，重建家園的痴迷。反觀移民海外的華人，未及三代就已忘卻節期、放棄母語，完全被異族同化，更遑論復國⋯⋯

在猶太人紀念逾越節的檔期，也是基督教、天主教和東正教紀念耶穌受難被釘十字架和復活的節期。話說在紀念逾越節前五天，耶穌騎驢進入聖城耶路撒冷，那些風聞耶穌叫拉撒路復活和知悉耶穌教誨的民眾，以及許多上耶路撒冷來過節的人，都出來歡迎祂，順便看看復活的拉撒路。他們「拿着棕樹枝（palm branches）出去迎接他，喊着說：『和散那！奉主名來的以色列王是應當稱頌的！』」耶穌進城後二話不說，先去聖殿趕走殿裏一切做買賣的人，推倒兌換銀錢的櫃台和賣鴿子的攤檔，並且譴責他們沒有保持聖殿為禱告的殿，反而使之變成賊窩，他這樣做令祭司長對他恨之入骨。另一方面，有好些猶太人為拉撒路的緣故信了耶穌，所以祭司長商議連拉撒路也要殺掉。再過了三天，祭司長就派手下綁架耶穌，次日就逼使巡撫將祂釘死，而為了黃昏時分即將開始的逾越節，官方容許趕快將屍體收下埋葬⋯⋯沒想到他竟於第三日復活！

聖枝主日紀念的就是耶穌騎驢進入聖城耶路撒冷，《約翰福音》記載了民眾拿着棕樹枝，《馬太福音》則說「還有人砍下樹枝來鋪在路上」（cutting branches from the trees and spreading them in the road）。傳統相信指的是棕櫚樹，特別是當地常見的棗椰樹（Phoenix dactylifera），它代表勝利和尊貴。在聖枝主日，天主教和東正教，以及基督教的聖公會，會派發棕樹枝給會眾，甚至一起手持棕樹枝到路上或繞着聖堂巡行。在義大利、希臘、菲律賓和中、南美洲，信眾會將棕櫚葉的小葉編織或辮織成各式花款。但由於棕櫚科的植物多生長在熱帶和亞熱帶地區，所以教會亦彈性採用別的植物，包括帶着花絮的柳樹（pussy willow）枝條或油橄欖樹（olive）、黃楊（box）、紫杉（yew）和雲杉（spruce）的葉枝，個別的國家如波蘭則採用花朵紮成花柱，所以在那些國家，Palm Sunday

亦改稱為 Willow Sunday、Yew Sunday、Branch Sunday、Flower Sunday 等。

　　我到訪聖母無原罪主教座堂，發現聖枝主日採用的是裸子植物蘇鐵（cycad）的葉枝，蘇鐵即是成語「鐵樹開花」中所指的鐵樹。在彌撒開始之前，會眾都站在正門前面兩旁，湯漢樞機隨着儀仗隊伍由堂外前來，並在門外左右排列的人群中用蘇鐵葉枝灑水，祝福信眾，然後講解聖枝主日紀念耶穌騎驢進入聖城的意義，之後才領着會眾進入座堂舉行彌撒。

　　至於東正教大教堂，相當有拜占庭（Byzantine）的特色，聖殿內的牆上掛着多張金色背景的聖像畫，在聖枝主日更採用棕樹葉作為裝飾。由於基督教和天主教採用西曆（Gregorian calendar）編排節期，而東正教則以儒略曆（Julian calendar）和猶太曆為依據，所以上週日才舉行聖枝主日，而今天則慶祝復活節。在聖體禮儀時，主教分別用希臘文和英文誦經、講道，又讓正教的會眾和孩童領受聖體，他的輔理則用粵語和普通話讀經。臨結束時，他還派發用棕樹葉羽片編織成的十字架，以留記念。

　　至於承接俄國東正教的香港聖彼得聖保羅東正教堂，亦見其北地的傳統，以柳枝、棕樹枝和菊花作為裝飾。

2016 年 5 月 1 日

荊冠

　　耶穌受難被釘十字架，是在兩千多年前的一個星期五，所以西方稱受難節那天為「Good Friday」。《新約聖經》的《馬太福音》在第 26 章記載了星期四日間和晚上發生的事情，然後在第 27 章記述了星期五日間到傍晚發生的事情，唯獨欠缺的星期四晚深夜，亦即是星期五凌晨時分的一段記錄。《新約聖經》的其他三卷福音書，包括《馬可福音》、《路加福音》和《約翰福音》，亦同樣沒有相關的着墨。

　　最近我去耶路撒冷旅遊，在雞鳴堂（Church of Saint Peter in Gallicantu）聽到有關那個星期五凌晨時分的情景。雞鳴堂是一座羅馬天主教堂，位於耶路撒冷城外錫安山的東坡，相傳在兩千多年前，這裏是猶太教大祭司該亞法的府邸；這座教堂是紀念門徒彼得在那星期五凌晨雞叫以前三次否認認識耶穌的事跡。在雞鳴堂院子裏有一組雕像，包括張開雙手作否認狀的彼得、兩個婦女和一個羅馬士兵；彼得背靠一根圓柱，柱上有只公雞。雕像的碑文寫着「彼得卻不承認，説：婦人，我不認識他。」雞鳴堂底層的地牢是大祭司府邸內的囚室，在囚室的牆壁上有些細小的窟窿，説是用來串着鐵鏈將犯人吊起施刑的。根據《馬太福音》，耶穌被擄到那裏去，「祭司長和全公會尋找假見證控告耶穌，要治死他。雖有好些人來作假見證，總得不着實據。」最後「大祭司對他説：『我指着永生神叫你起誓告訴我們，你是神的兒子基督不是？』

雞鳴堂的壁畫（圖片提供：畢培曉）

耶穌對他說：『你說的是。然而，我告訴你們，後來你們要看見人子坐在那權能者的右邊，駕着天上的雲降臨。』」就是這樣，大祭司以僭妄褻瀆的宗教理由將耶穌扣押。

囚室之下還有個陰森漆黑的洞穴，傳說耶穌在審判後，便被繩子綁着兩肩，再垂掛入洞穴之內，在星期五凌晨時分被關在那裏等待次日移送往巡撫的衙門。雞鳴堂的外壁上，就有綑綁兩肩垂掛耶穌的畫像。可以想像，洞穴內相當寒冷，兩肩被綁妨礙血液循環，令肩膊痺痛，十分辛苦。耶穌就在那裏捱了下半夜。

跟着在星期五的早上，巡撫彼拉多審問耶穌，但他一言不發，「巡撫有一個常例，每逢這節期，隨眾人所要的釋放一個囚犯給他們。當時有一個出名的囚犯叫巴拉巴。眾人聚集的時候，彼拉多就對他們說：『你們要我釋放哪一個給你們？是巴拉巴呢？是稱為基督的耶穌呢？』巡撫原知道他們是因為嫉妒才把他解了來……祭司長和長老挑唆眾人，求釋放巴拉巴，除滅耶穌。巡撫對眾人說：『這兩個人，你們要我釋放哪一個給你們呢？』他們說『巴拉巴。』彼拉多說：『這樣，那稱為基督的耶穌我怎麼辦他呢？』他們都說『把他釘十字架！』巡撫說：『為甚麼呢？他做了甚麼惡事呢？』……彼拉多見說也無濟於事，反要生亂，就拿水在眾人面前洗手，說：『流這義人的血，罪不在我，你們承當吧。』」於是彼拉多釋放巴拉巴給他們，把耶穌鞭打了，交給人釘十字架。巡撫的兵就把耶穌帶進衙門，盡情侮辱他，給他穿上朱紅色袍子，用荊棘編做冠冕，戴在他頭上……戲弄完了，帶他出去釘十字架。

隨後，我們又參觀了捉拿耶穌的地點客西馬利園和耶穌釘十字架的各各他山（髑髏地）。在旅途中，我寫下一些感想，「在兩千多年前的逾越節，在耶路撒冷彼拉多的刑房，羅馬兵丁正在折磨犯人。其中一個兵丁，剪來幾根荊棘枝條，拙劣地將它們互繞，編織成環狀，當作冠冕，強戴在囚犯頭上。在兵丁的嬉笑聲中，荊棘的尖刺插入頭皮，明顯地增加了犯人的痛楚；劃破的肌膚，泛着血絲、流着血滴。使用荊冠這個創意，確是個新穎而極具諷刺的招數。三四月的耶路撒冷，天氣依然寒冷，令人沮喪的旱季即將來臨。羅馬兵

丁，裝着一肚苦水，被派駐在猶太殖民地這鬼地方。令他們更難忍受的，是耶路撒冷的猶太人都是野蠻人、偽君子、蠢材、豬玀……只不過是前幾天剛發生的事，依然歷歷在目。當時成千上萬的民眾夾道歡迎；人人搖着棕櫚枝葉，高唱『和撒拿』，讓這人騎驢進城，説甚麼復國的彌賽亞、救世主……但轉眼間，亢奮消退，就盲從享有既得利益的宗教領袖，要求將犯人釘上十架……巡撫彼拉多，已經完成拷問，查明他沒犯死罪，頂多只是尋釁滋事。但猶太人竟然寧願釋放巴拉巴，這殺人越貨的狗賊，枉花了羅馬兵團一番功夫。曾經多方部署，賠上傷亡，才能將他繩之於法，但如今又輕易放虎歸山。猶太人，竟然埋沒理智良知，反而要求釘死這個無辜的犯人！恨，有這麼深嗎？不過，羅馬兵丁也管不了這許多，連巡撫都在猶太人面前金盆洗手，説是為了穩定和諧，免得繼續與殖民地的鄉紳父老對抗……既然伏法指令已下，兵丁亦樂得找這人出氣。他們掌摑他、向他吐口水、戲弄他，讓他穿上錦袍、盡情嘲弄這位所謂『猶太人的王』……他當日昂然接受擁戴，但他進城後，卻離開圍繞他的羣眾，獨自帶上兩三個門徒，到橄欖山山丘下的客西馬利園禱告，自言他的國不在這裏，説他來為要拯救罪人……就是這樣隻手空拳的情況下，被門徒出賣，落入捉拿他的兵丁手中……這階下囚，將頭帶荊冠，背負十架，如羊被牽往宰殺之地！」

荊冠是甚麼植物呢？在旅途中，碰上許多帶有尖刺的植物，那是適應乾旱環境、防禦動物的特徵。導遊説是相思屬（*Acacia*）的豆科植物，在中東、非洲和澳洲的相思屬和分拆出來新屬的品種，往往帶有尖刺，但一般遠離民居。歐美的專家分成兩派，一派指羅馬兵丁採用的是鼠李科的敍利亞棗樹（*Ziziphus spina-christi*）或濱棗（*Paliurus spina-christi*），我們在耶路撒冷植物園和紀念品店見到的屬於這一類。另一派的相信應該是薔薇科的刺狀地榆（*Sarcopoterium spinosum*），因為這品種比較矮小，枝條比較柔軟，容易繞織成環狀，當作冠冕。當然他們兩派也沒有排除其他荊棘的可能性，但一定不是本地園藝常見的大戟科的鐵海棠（*Euphorbia milii*），雖然西方園藝稱之為 crown of thorns，但這種帶有白色乳汁和長刺的肉質植物，原產於馬達加斯加，不長在中東。

耶路撒冷紀念品店出售的荊冠（圖片提供：馬君兒）

敘利亞棗樹帶刺的枝條（圖片提供：畢培曦）

許願樹之「掛在木頭上」

當博士生的時候，在美國西部調查植物，常由加大柏克萊開車往返西雅圖，最簡單直接的是在沙加緬度（薩克拉門托 Sacramento）附近，轉上 5 號州際公路，便可一條大路直通西雅圖，全程若馬不停蹄，大概只需 12 至 13 小時。若時間許可，我更喜歡取道靠近太平洋海岸線的 101 州際公路，直到在加州北部接近俄勒岡州（奧勒岡州 Oregon），才轉入 199 號公路，接上 5 號州際公路，繼續北上。

101 公路亦稱為紅木公路（Redwood Highway），它令人着迷的，是沿途的紅木森林（redwood forests）和紅木州立公園（redwood state parks），林中的主角是紅杉（*Sequoia sempervirens*），亦有稱之為海岸紅木（coastal redwood）和加州紅木（California redwood）。這種松柏類的活化石樹種，已有一億多年的歷史，目前只分佈在加州海岸山脈地區，靠雨水和太平洋海風

茂密的紅木林（圖片提供：楊令衛）

帶來的濃霧水分得以存活。樹高可達 116 米，媲美 30 至 40 層高的大廈，胸徑可達 9 米，體重或生物量可達 1,800 公噸，最老的據云已有 2,200 歲，101 公路沿途見有不少亦已超過 600 歲，分別可以追溯到漢高祖劉邦被匈奴圍困於白登城和明朝成祖的永樂年代！

我多次到訪的時候，都不是假日，紅木森林和紅木州立公園內，遊人稀疏。走進林內，萬籟無聲，茂密的林木遮擋着陽光，陰森林下唯我獨行，伴隨的是刺羽耳蕨（*Polystichum munitum*）、俄勒岡酢漿草（*Oxalis oregana*）、海濱杜鵑（*Rhododendron macrophyllum*）和鮭莓（*Rubus spectabilis*）等矮小耐蔭的品種。間中有倒樹的角落，為密林打開天窗，殘留的樹幹斜臥地上，長滿苔蘚，生者逝者共存，一片祥和。

伸手觸摸紅杉紅棕色或灰色的樹皮，輕撫其又長又深的縱裂紋，感受它們歲月的辛勞與滄桑。低頭欣賞它們非同凡響的本領，以粗壯的根系盤踞大地，深探地極，攔阻其他植物踏足同一的落腳點，獨霸着一片方圓，好能發揮多年生、甚至百年長治的努力；又忍耐着避免一時之快，持續將積累的資源投放成木質部的「磚頭」和輸送

陰森林下我獨行（圖片提供：王震哲）

水分的管道，務求增高，好讓自己得以高聳入雲、雄據一方。

向後彎腰，伸頸仰望聳立的紅杉，想跟它打個招呼，但樹頂遙不可及。假如能夠站在這些巨人的肩膀上，視野必然廣闊、能夠高瞻遠矚。我開始明白，樹木堅持在身材上修為的鴻鵠志，絕非燕雀之流的小草所能明瞭。樹木更會伸出參天的膀臂，去探索無盡的天空，甚或嘗試去接觸躲在雲後的精靈，又張開綠色太陽能板製作的華蓋，吸收日月的能量精華，同時以氧氣回饋自然，為百物遮風擋雨、創造各式的小生境，維持生物的多樣性。

網上找到諾貝爾文學獎得主赫曼・赫賽（Hermann Hesse）的描述，他表達得更道地：「樹木是循循善誘的傳道者 …… 我對它們心懷敬意。當它們熒熒孑立時，我對之更是敬佩有加 …… 它們的根扎入無窮深幽的地下，但不會漫無目的，而是以它們的全部生命力追尋一個目標，實現本身所固有的法則，營造自己的美態，展現自我。別無他物能比一棵美麗而強壯的樹更神聖、更盡善盡美的了 …… 樹木比人更深思熟慮，有持久和恬靜的思量，正如它們的壽歲比我們更久長。樹木比我們聰明，只是我們聽而不聞它們說的箴言。倘若我們學會了傾聽樹木的金玉良言，那麼我們短視、急促和童稚式的冒失思想就會獲得無比的快慰。要是學會了聆聽樹木的教誨，那就不用再渴望成為一棵樹了。除了現在的自己，甚麼也無須奢望。這就是家鄉，這就是幸福。」

當有幸近距離接觸百齡老樹，總會感受到它們的堅毅與祥和，以及深沉的睿智。它們毫無保留地散發出迷人的魅力，甚至懾人心魂的魔力，讓人肅然起敬，令帝王將相甘心膜拜，使平民百姓燒香叩頭、祈福許願。

向樹木祈福許願的習俗，古今相若、中外皆然。

在香港，最多人知道的是林村的許願榕樹，許多遊客往樹上拋掛寶牒，可惜負荷過重，導致百病叢生，甚至粗枝折斷，壓傷遊人，如今棄置在路旁，丟人現眼。現在林村改以一株人造樹來「接收」連上膠桔的許願卡，而遊客似乎沒察覺其中欠缺的生命氣息和能夠

參天紅木
（圖片提供：楊遠方）

紅木的百米竿頭
（圖片提供：邱春來）

託付求福的承擔，照樣嘻笑、樂在其中，但這株人造樹最近亦同樣因不勝負擔而折斷。另一株正在冒起的是昂平市集的許願菩提樹，這也是株人造樹，樹旁豎立着平面的許願亭，讓遊人把許願牌掛在架上。

在華人和華僑的社會中，甚至日韓的廟宇裏，許願樹也是常見的icon，前者多見紅布條，而後者則多用掛牌。

泰國人傳統上供奉龍腦香科的香坡壘樹（*Hopea odorata*），他們相信那是女精靈南塔坤的棲息地，多會用彩色緞布包裹其樹幹，並且向之祈福，據云南塔坤可提高彩票中獎的機會。

在土耳其，民間相信敵人的妒忌或咒詛可帶來噩運或者病痛，所以在地中海和中東一帶會使用不同的祛邪和保護方法，其中最流行的是用由外到內，深藍、白、淺藍和黑色同心圓的邪眼護身符（evil eye talisman），佩戴在身上或掛在樹上。

在英國和其他歐洲地方，零星分佈的「布條井」（clootie

土耳其邪眼護身符許願樹（圖片提供：畢培曦）

wells），在井邊或泉眼旁邊種植山楂樹或橡樹，讓病人將布條或舊衣物用井水或泉水浸濕，然後綁在樹上，期望當樹上的布條漸漸腐爛時，病者身上的惡疾也隨之消失，得以康復。除用布條之外，也有將錢幣橫向敲擊入樹幹或枯木中，相傳可令願望成真。當然也有像菲律賓人那樣直接在榕樹貼在樹幹的根鬚間，插上紙幣及錢幣，作為許願。

現時在西方，人氣最高的是披頭四樂隊主唱約翰列儂的遺孀小野洋子，為世界和平而送給華盛頓、紐約、倫敦等地博物館的許願樹。而博物館會在樹旁擺設紙卡，讓遊客寫上祝願，然後掛在樹上。

今天是基督教和天主教敬奉的復活節，為了紀念耶穌基督釘身十架，然後死而復活。這也許是最高的許願，最厚的祝福，正如彼得前書所說的：「祂被掛在木頭上，親身擔當了我們的罪，使我們既然在罪上死，就得以在義上活。因祂受的鞭傷，你們便得了醫治。你們從前好像迷路的羊，如今卻歸到你們靈魂的牧人監督了。」祝復活節快樂。

2018 年 4 月 1 日

復活節

> 乾癟的植物復甦蔚為奇觀，枯萎的枝葉突然起死回生，瞬間伸展，在短短的幾個小時內變得生機勃勃，這樣能夠「復活」的植物（resurrection plants），確實匪夷所思。

——〈復活的植物〉

良鄉栗子老橡樹

提起殼斗科（Fagaceae），學生一般對這名字表現得一臉茫然；改用山毛櫸科這另一名字，亦沒有幫助。這也難怪，本地記錄的三十多個品種大多分散在密林內，所以學生接觸的機會較少。

但不可不知，這科植物是北半球溫暖地區植被的主要組成樹種，而且許多品種是由緯度較北的溫帶針葉林過渡到緯度較南的亞熱帶常綠闊葉林之間的落葉闊葉林的指標成分。其中的橡樹（oak）在北美，就像歐洲人村口種的椴樹和華南祠堂外的老榕樹一樣，總帶有孩提成長留下的感情，美國人甚至選它為國樹。橡樹結出的槲果（acorn）是由殼斗（cupule）和堅果（nut）組成的，是松鼠和啄木鳥積蓄防饑的食糧，清洗去掉單寧後的槲果粉（acorn flour）亦可用來做餅食用。栗樹（*Castanea mollissima* 等品種）的堅果更是人間美食。我家愛吃栗子，路旁大書良鄉炒栗子的流動販車，在北風天販賣的是捧在手裏的人間溫暖。近年菜市場的板栗價格下降，剝掉部分外殼的一斤才十塊錢，買回家清洗乾淨，在沸水燙過後，將殼（果皮）和裹着栗肉的皮（種皮）去掉，留下的栗肉有頗多可烹調的菜式，如常吃的有栗子冬菇燜雞和栗子肉排湯等。做糕點時，則省功夫選用罐裝栗子蓉；許多罐頭上的招紙還印有綠色或褐色帶長刺的殼斗，包圍着兩三個栗子的圖像。

春末夏初，帶學生在新界野外隨處往山腰上望，在茂密的灌木林和向陽的林地上，總會見到大片黃白色的花叢，那準是黧蒴錐（*Castanopsis fissa*）在開花。它是本地原生的常綠喬木，更多人習慣稱之為裂斗錐栗；由於生長迅速又能適應貧瘠土壤，近年多用來優化植林和改善土壤侵蝕。走近前看，花穗像是煙花在璀璨綻放，又像啦啦隊員在揮動草球，熱情奔放。詩人余光中在中大教學時，就提及它，説在「霧雨交替的季節，路旁還有一種矮矮的花樹，名字很怪，叫裂斗錐栗，發花的姿態也很別緻。其葉肥大而翠綠，其花卻在枝梢叢叢迸發，輻射成一瓣瓣乳酪色的六吋長針，遠遠看去，

栗子的殼斗（圖片提供：陳勁民）

花開得怒髮奮髭的黧蒴錐（圖片提供：史振宇）

黧蒴錐的果（圖片提供：葉曉文）

像一羣白刺蝟在集會，令人吃驚，而開花開得如此怒髮奮髭，又令人失笑」。

上植物實驗課時，也會用鱟葿錐來介紹殼斗科的特徵，它雌雄同株，輻射排列的葇荑花穗上長滿單性花，主要依賴風媒傳粉，但蜜蜂亦常見前往採集花粉。花穗上的雌花單生於總苞內，授粉後長出堅果；堅果成長時給鱗片狀的殼斗包圍，發育後鱗片開裂，才露出褐色的堅果。

在復活節前要是講解殼斗科的話，我會給學生加插「老橡樹掛上黃絲帶」的故事，甚至唱幾句「Tie a yellow ribbon on the old oak tree」。話説有輛穿州過省的長途巴士，載了一群放暑假的大學生，他們在車上大聲説笑，個別有人興之所至時，甚至站起來載歌載舞，司機也許見怪不怪，偶爾還隨着哼起調子。唯獨有一個乘客，獨個兒坐着，悶不作聲，只向窗外落寞地呆望。有學生忍不住跟他搭訕，才知道他剛刑滿出獄，正在朝往家鄉的路上。他説在出獄前給家人寫了封信，向他們道歉，承認自己犯錯，害苦了他們，並且承諾會重新做人。在信末他提到希望能回家團聚，但也明白這可能是非份之想；如果家人接受他回家，只需在村口的老橡樹上掛上一條黃絲帶，但若經過時沒見黃絲帶，他就會留在車上，靜悄悄地離開。學生們都寄予同情，送上鼓勵的祝福。但隨着巴士快要到達村莊，車內的氣氛轉趨凝重，學生都屏息靜氣，緊張地往車前觀望。巴士愈來愈近……愈來愈近……大家忐忑不安，忽然間，整輛車爆出歡呼，老遠就見到橡樹上飄懸着不是一條，而是千百條黃絲帶！像在高喊着「正等待你回來」。那人熱淚盈眶，一一與學生和司機擁抱謝別，然後昂起頭，穩步走進村莊。

因信稱義，無償的完全接納，舊事已過，都變成新的！這也是我對基督教的理解。

2015 年 7 月 5 日

復活的植物

　　乾癟的植物復甦蔚為奇觀，枯萎的枝葉突然起死回生，瞬間伸展，在短短的幾個小時內變得生機勃勃，這樣能夠「復活」的植物（resurrection plants），確實匪夷所思。

　　日本長野縣白駒池周邊的林野是日本苔蘚學會推崇的苔蘚森林，在那裏常有觀賞苔蘚的活動，參加者以女生為多，説是因為女性感情細膩豐富，可以拋開生活的枷鎖和壓力，盡情感受苔蘚在形態和顏色上的變化，從觀賞中獲得樂趣。導賞的達人有一個屢試不爽的亮點，就是將東亞砂蘚（*Racomitrium japonicum*）或其他枯乾或看似枯乾的苔蘚放在一起，然後向它們噴霧水，瞬間枯乾扭曲的葉片會徐徐綻放伸展，回復原狀，顏色亦慢慢變綠；當女生見證到枯苔復甦，總會驚訝詫異，甚至熱淚盈眶。

　　枯苔復甦是因為「變水性」（poikilohydric）的功能。由於苔蘚欠缺有效控制失水的構造和機制，許多苔蘚品種的細胞含水率會隨着周圍環境的濕度下降而下降，最終容許生理活性降到最低，甚至進入休眠狀態，到雨水復臨，才重新恢復生理活性。有些品種耐旱能力很強，在裸岩表面生長的砂蘚（*Racomitrium canescens*），經歷200日只有32%的相對濕度，仍能保持生理機能。標本室存放了20年的闊葉紫萼蘚（*Grimmia laevigata*）乾標本，遇水能夠恢復活性。我們將國外儀器包裝用的泥炭蘚（*Sphagnum*）填充料，放在潮濕的水族箱內一段時間，亦發現它慢慢轉綠，從完全乾燥沒有生命跡象的狀態「復活」。封存在冰川下幾百年的苔蘚，帶回實驗室研究後，也可以轉綠，長出新芽。

　　更多為人知曉、能夠「復活」的植物還有蕨類的還魂草，歷代的古籍繪影繪聲地增加許多名字，包括回陽草（《滇南本草》）、不死草（《滇南本草圖説》）、長生不死草（《本草綱目》）和九死還魂草（《現代實用中藥》）等；在植物學上還魂草稱為墊狀卷柏（*Selaginella tamariscina*），《中華人民共和國國藥典》則收錄為卷

東亞砂蘚

泥炭蘚（以上圖片由張力提供）

柏。它多生長在石灰岩乾旱地區，根粗壯，葉枝呈墊狀平鋪地上，乾旱時全部葉枝離地往中央包捲呈球狀，甚至轉為枯黃，但遇水時重新伸展回復平鋪，慢慢轉綠生長。墊狀卷柏在香港也有零星分佈，但在較高海拔曾見有較大片生長；由於生長緩慢，加上會被採摘，理應列為受保護植物。

在南非的密羅木（*Myrothamnus flabellifolius*）在乾燥季節變得枯死萎縮，但遇雨即在數分鐘內轉綠。長在北美的奇瓦瓦沙漠（Chihuahuan Desert）的復活卷柏（*Selaginella lepidophylla*）亦有相近的復甦行為，復甦的過程可以到 YouTube 欣賞。至於在中東撒哈拉沙漠（Sahara Desert）的含生草（*Anastatica hierochuntica*），雖然也跟復活卷柏一樣稱為耶利哥玫瑰（rose of Jericho）及復活植物，枯枝遇水亦能伸展，但母株不會生長，只會機械性地舒展，並且釋放包裹着的種子，讓它們發芽生長。

朽木重生自然吸引關注，報道發現還魂草的新聞不時亦有見報。能夠「復活」的植物（resurrection plants），籠統來説有超過 100 種。這些復活植物，特別是有花植物（flowering plants）的品種，有可能是乾旱氣候條件下農業發展的希望之星。它們特殊的枝葉結構、奇妙的代謝作用和化合物、超凡的生理習性，都值得研究利用；科學家更希望解開耐旱植物的遺傳密碼，以助農民面對日益炎熱和乾旱的天氣，冀望只要甘霖再降的一刻，帶有復活植物遺傳密碼的農作物就迅速反彈甦醒。

復活是基督教（包括天主教和東正教）的關鍵重點。

上週日復活節，我到了座落於上海徐家匯衡山路的國際禮拜堂（Shanghai Community Church），這座建於 1925 年 3 月 8 日的基督教教堂，當初是由居住在上海的美國僑民集資蓋的，算起來已有 91 年歷史，並於 1989 年入選為上海市優秀歷史建築，也被列入上海市文物保護單位。這所紅磚教堂原名為協和禮拜堂，但由於來自各國的教友愈來愈多，故此易名為國際禮拜堂。主堂據稱可容納 700 人，但我到達時已經滿座，只好移步到垂直橫向的副樓，地下和二樓

墊狀卷柏

枯捲的墊狀卷柏（以上圖片由李玉來提供）

的禮堂亦比較擁擠，最終在第三層的禮堂找到一個座位。歲月對這教堂有一定的留痕，我旁邊的坐椅只餘下骨架，坐板已經拆除；木樓梯和禮堂頗為陳舊，該是安排維修的時候，幸好影音系統能維持操作。

證道的是個女牧師，題目是「主果然復活了」。題目的出處是《新約聖經》路加福音第 24 章，記載了在耶穌復活的當天，兩個門徒在午後從耶路撒冷趕往以馬忤斯，路程約有 11 公里。兩個門徒的心情相當困惑，在路上遇到另一個趕路的人，並與他談論兩天前耶穌被釘十字架，但這天早上，有幾個婦女清早到墳墓那裏去，卻找不到耶穌的身體，反而回來說看見天使說他復活了。那個同路人於是對他們講解聖經，說明基督必須受死，然後復活，後來這兩個門徒看清楚，這位同路人，就是復活的主，他們非常興奮，急不及待，披星戴月，再走 11 公里，趕回耶路撒冷，對 11 位門徒說：「主果然（確實）復活了⋯⋯」（The Lord is risen indeed），並把路上所遇到和耶穌擘餅的時候怎麼被他們認出來的事，都述說了一遍。

證道中牧師重複提到使徒彼得，他本是個漁夫，但應耶穌的呼召，即時衝動地拋棄打魚的生涯，跟隨耶穌四處傳道，期間聽取教誨、目睹神跡、親嘗神交、讓主洗腳，以為可以在耶穌復國時贏得高位，甚至在耶穌被捉拿的時候，魯莽拔刀對抗，但他於耶穌受審期間，三次否認認識耶穌；在耶穌被釘十字架時，沒敢出頭⋯⋯到耶穌復活後，亦半信半疑，生命了無目的，只好重操故業。直到在提比哩亞海邊，整夜打魚全沒收穫，最後聽從岸上的建議，重新撒網即捕捉到 153 條魚。彼得上岸見到耶穌後，以為會受到責罵奚落，但耶穌三次柔聲細問「你愛我比這些（魚獲）更深嗎？」彼得三次回答說「主啊，是的，你知道我愛你。」耶穌於是對彼得說：「你牧養我的羊。」彼得從此更新，成長為使徒的領袖，不懼怕壓迫，大膽傳道。

要是沒有復活，沒有柔聲的對話，彼得難以改變成長⋯⋯

這也是我在查考復活的植物時思考的信息。

2016 年 4 月 3 日

雞蛋花與高牆

有舊生近期移民台灣，透過手機傳來幾張照片，其中一張是在台南安平古堡拍攝的，看起來那古堡保養得很好，高大的紅磚城牆，還威風凜凜地架起幾尊古炮。但我孤陋寡聞，對這古堡完全陌生，所以我回覆時多問一句，學生隨即送來幾條相關的網址，給我參考，同時又邀請我有空時到台南尋幽探勝、看看植物。

打開網頁才知道安平古堡已有接近 400 年的歷史，而且與台灣早期的發展息息相關。要了解它的歷史地位，就非得由三寶太監鄭和下西洋說起。根據網上的資料，從 1405 到 1433 年，明成祖和宣宗兩位皇帝曾前後七次差派鄭和帶領龐大的艦隊，前往東南亞、南亞、阿拉伯半島和東非等地，但之後長期的鎖國政策禁止民間私自出海，也限制外國商人前來通商，由是將海上的霸權拱手讓給西方。在 16和 17 世紀歐洲大國崛起的時代，歐洲多國的霸業通過遠洋艦隊伸展到美洲、非洲和亞洲。到 1622 年，荷屬東印度公司前來台灣與福建之間的台灣海峽，霸佔了澎湖島，成立東亞貿易的轉口基地。但經過與明朝水軍的一番戰役和交涉，荷屬東印度公司終於放棄澎湖，並跟從明朝官員的指引移往台南，在大員（今台南市安平區）設立貿易據點，並興建奧倫治城（Orange），後改名為熱蘭遮城（Zeelandia）。

至 1662 年，鄭成功攻下熱蘭遮城，將荷蘭人趕出台灣，同時將城改名為安平鎮城，並駐居在內，故此民間又稱之為王城。1683 年清政府收復台灣，但古堡於 1868 年因為樟腦糾紛而被英國攻佔、炸毀軍火庫；城堡也因年日久遠和地震，導致城牆崩壞。到 1895年清廷簽訂馬關條約將台灣和澎湖割讓給日本，日本人便將城垣剷平，用紅磚改建。到第二次世界大戰後，國民政府又將該城改名為安平古堡，目前只保存有南壁古井及外城南壁兩處明清遺蹟，另在砲台遺址上置放幾尊嘉慶十九年鑄造的古炮……

看着安平古堡照片的磚牆，我想起日本作家村上春樹於 2009年到以色列接受「耶路撒冷自由文學獎」（Jerusalem Prize for the

Freedom of the Individual in Society）。該獎項每兩年頒發一次，表揚以人類自由、社會公義、政治民主為題材的作家。在領獎時，村上春樹宣告「在高大堅硬的牆以及撞牆即破的雞蛋之間，我永遠站在雞蛋那方。」這宣言是他「在創作時永遠牢記在心底……鑽鑿在心牆上的格言。」他進一步說：「無論高牆是多麼正確，雞蛋是多麼地錯誤，我永遠站在雞蛋這邊。」

村上春樹是當代最具國際影響力的日本作家，自 2009 年起連續七年獲提名諾貝爾文學獎，他的著作甚豐，其長篇小說《挪威的森林》被翻譯成四十多國語言，全球銷售超過二千萬冊。

村上春樹領獎時，正值長達三週的加沙戰爭，期間以色列為反擊巴勒斯坦的飛彈，多次空襲加沙。「根據聯合國調查，在被封鎖的加沙城內，已經有超過千人喪生，許多是手無寸鐵的平民、孩童和老人。」村上繼續說：「我來到這裏，我選擇親身面對而非置身事外；我選擇親眼目睹而非視而不見；我選擇開口說話，而非沉默不語。但這不代表我要發表任何政治訊息……誰是誰非，自有他人、時間、歷史來定論。但若小說家無論甚麼原因，寫出站在高牆這方的作品，這作品豈有任何價值可言？這代表甚麼意思呢？轟炸機、戰車、火箭和白磷彈就是那堵高牆；而被它們壓碎、燒焦和射殺的平民則是雞蛋……我們每個人，或多或少也是一枚雞蛋。我們都是獨一無二，裝在脆弱外殼中的靈魂。你我也或多或少，都必須面對一堵名為『體

安撫着古炮的雞蛋花樹（圖片提供：楊寬智）

制』的高牆。體制照理應該保護我們，但有時它卻殘殺我們⋯⋯ 我們都只是一枚面對體制高牆的脆弱雞蛋。無論怎麼看，我們都毫無勝算。牆實在是太高、太堅硬，也太過冷酷了。戰勝它的唯一可能，是來自於我們全心相信每個靈魂都是獨一無二的，來自於我們全心相信靈魂彼此融合所能產生的溫暖。我們不能允許體制剝削我們，我們不能允許體制自行其道。體制並未創造我們，是我們創造了體制⋯⋯ 」

在過去幾年，我們痛心地在一個撕裂的社會生活，其中充斥着怨氣和戾氣，種種的語言偽術、私相授受、官商黑肆無忌憚、製造警民對立的高牆，還有催淚彈，嚇人的，拒人的，整人的藩籬⋯⋯

在哀愁掩映的燈光下，對着安平古堡的照片，忽然間，我留意到炮台上和圍繞城垣外生長的樹，那獨特的鹿角形禿椏不就是秋冬季節落掉樹葉的雞蛋花（*Plumeria rubra*）嗎？我趕快上網翻查，果然有圖文介紹，在當地稱之為緬梔，是荷蘭人從美洲引入台灣的。

雞蛋花最漂亮的是五裂迴旋排列的花朵，花芯一抹艷黃，配襯着乳白色的花瓣，直像鮮嫩剝殼的雞蛋，園藝上也有粉紅色花的品種；花香清新撲鼻，萃取的精華多用作香水或香薰。它與大多數夾竹桃科植物一樣，枝葉含白色有毒的乳液。

秋冬落葉後，雞蛋花只留下禿淨如死寂、像鹿角指向天空的枝椏，但到每年復活節前後，會重新復甦，由枝頂長出新葉和花朵，像要揭露復活的奧秘。

我繼續翻閱網上的照片，有些從安平古堡側面拍攝到炮台上的雞蛋花樹，有半身傾側伸出城牆外，十分壯麗。

啊，面對高牆，我要擔當做一株雞蛋花，衝破藩籬隔膜，展示復活的勝利，分享嬌嫩齊心的美麗，保護我們堅守的核心價值，發放和平的芬芳，並且奉獻自己的花朵，煎煮五花茶，以清除社會上熱氣、消化不良和小兒疳積等隱患。

註：文中引用了維基百科、天下雜誌等資料

2017 年 4 月 9 日

雞蛋花（圖片提供：鄭國貞）

雞蛋花的禿椏
（圖片提供：鄭國貞）

呼喚你的名字

名字是個神聖的標籤，火焰的印記，歷史的索引。

沒有名字，一切都混淆含糊不清，沒有任何瓜葛，更談不上半點感情。一旦配上名字，那種花、那類草、那個人，就變得時刻躍現眼前，倍添親切。

女作家張曉風在〈問名〉一文中，將名字分成三類行動：「命名」、「正名」和「問名」。為了加強解說她在旅行時如何努力打聽和追問遇見的事物的名字，她刻意採用幽默的筆觸來描述前兩類行動。文章劈頭就說：「萬物之有名，恐怕是由於人類可愛的霸道。」她解釋說：「創世記裏說，亞當自悠悠的泥骨土髓中乍醒過來，他的第一件『工作』竟是為萬物取名。想起來都要戰慄，分明上帝造了萬物，而一個一個取名字的竟是亞當，那簡直是參天地之化育，抬頭一指，從此有個東西叫青天，低頭一看，從此有個東西叫大地，一回首，奪神照眼的那東西叫樹，一傾耳，樹上嚶嚶千囀的那東西叫鳥⋯⋯而日升月沉，許多年後，在中國，開始出現一個叫仲尼的人，他固執的要求『正名』，他幾乎有點迂，但他似乎預知，『自由』跟『放縱』，『情』和『色欲』，『人權』和『暴力』是如何相似又相反的東西，他堅持一切的禍亂源自『名實不副』。」她繼續說：「我不是亞當，沒有資格為萬物進行其驚心動魄的命名大典。也不是仲尼，對於世人的『魚目混珠』唯有深嘆。不是命名者，不是正名者，只是一個問名者。命名者是偉大的開創家，正名者是憂世的挽瀾人，而問名者只是一個與萬物深深契情的人。」

張曉風若有機會帶小孩到狗場，讓他見着一窩窩活潑的小狗，並從其中挑選一頭可愛的抱回家，然後讓他為小狗命名，她便會看到孩子那份從眼睛裏笑出來的喜悅、那份從心底裏湧現的自豪，久久定必仍舊歷歷在目，而且她會更欣賞命名的意義。

神讓人給萬物起名，是全盤的信任，是一份深情，一廂厚愛，一項恩惠，讓人親身接觸萬物，付上感情，照顧萬物，所以叫青天作

青天，實際上是「我親愛的青天」；稱樹木為樹，背後的含義是「我親密的樹」。命名是天賦的恩惠，方便人與萬物交流，而愛護則是人類對萬物承擔的責任。

面對萬物的多樣性，防止張冠李戴，以及紓解問名者的困擾，研究植物分類的科學家，就天天承擔亞當參天地之化育而未完成的命名任務，又要繼續仲尼力挽狂瀾的正名工作，還要照顧各行各業的問名者，包括緝獲可疑樣品的海關關員、急症室搶救中毒病人的醫生等。

可以呼喊的叫做「名」，通過造字才成為名字。造字還得有規律，其中牽涉象形、指事、形聲、會意、假借、轉注。同樣地，分類學的命名和正名亦需嚴謹的分析和依循約定的規則。

一種竹子，有生以來，一直默默無聞，直到華南植物研究所的賈良智師兄和我認出它是個新品種，並且以胡秀英老師的名字賦予它生命的意義，秀英竹（*Arundinaria shiuyingiana*）從此展示胡老師的情懷與風骨。

但不同時段、不同地域、不同語言、不同人士給植物採用不同的名字時，情況就開始混亂。當龍應台拿着台灣出版的植物圖譜，鑒定香港市花原來是艷紫荊而不是圖譜內的洋紫荊的時候，大家的情緒頓時崩潰。若她再拿起《中國植物誌》鑒定香港市花而得出的答案是紅花羊蹄甲而非植物誌內的洋紫荊的時候，大家亦必目瞪口呆，對香港政府和植物專家都表示懷疑，心中不期然追問「咁都會搞錯？」事實上，香港的洋紫荊、台灣的艷紫荊和大陸的紅花羊蹄甲，都是同一個品種。為免除混亂，科學家為此建立共同協定，採用拉丁學名。當日，要是龍應台同時比較拉丁學名，她不難理解，洋紫荊若改了中文名字，包括像基本法起草委員會虛偽地去洋而稱市花為紫荊，它仍舊是香港市花，因為它的學名是 *Bauhinia x blakeana*。

有了名字，每個人都清楚自己的存在，肯定自己與別人不同。當有聲音喊出自己名字的時候，只有自己可以回應説：「到，我在！」在西方，意外中昏迷或死亡的人士，假如未能查到名字，醫生和警

Bauhinia purpurea L. 　*Bauhinia x blakeana* Dunn 　*Bauhinia variegata* L.
　　紅花羊蹄甲　　　　　　洋紫荊　　　　　　　宮粉羊蹄甲

（左起）香港的紅花羊蹄甲、洋紫荊和宮粉羊蹄甲。台灣的名字分別是洋紫荊、艷紫荊和羊蹄甲。大陸的名字分別是羊蹄甲、紅花羊蹄甲和洋紫荊。（圖片提供：陳錦江、李敬華）

方多會暫時稱之為「John Doe」或「Jane Doe」，也許這是出於尊重，好讓其上路時有名有姓，免得化作無主孤魂。

《舊約聖經》中記載了一次柔聲的呼喚。那個夜晚，憑着名字，撒母耳聽到有聲音在招喚他。那時，他只有 12 歲，在聖殿裏照顧年紀老邁的祭司以利。在深夜，他聽到有聲音呼喚他的名字，於是趕忙起床去看以利有甚麼吩咐，到第三次，以利才醒覺有機會是神在召喚撒母耳，於是教他再聽到呼喚他名字時，回應說：「耶和華阿，請說，僕人敬聽。」如是者，神再次呼喚撒母耳，並且立他作上斥昏君，下責愚民的先知。

同樣地，在《新約聖經》中，有次石破天驚的呼喚。在大馬色路上的掃羅，憑着名字，他清楚曉得，神在呼喚他。他在羅馬帝國統治以色列的時代，生而取得羅馬人的身份，拜在大師迦馬列的門下，進而成為高級知識分子。當日他意氣風發，充滿正義感的領着祭司長批下的拘捕令，前往大馬色緝捕基督徒。但在路上忽然出現強光，他和隨行的人員，全都嚇倒在地上，並且聽到聲音說：「掃羅、掃羅，你為甚麼逼迫我？」就着這名字，他清楚肯定，呼喚的

是他本人，於是他回答説「主啊，你是誰？」那聲音説：「我就是你所逼迫的拿撒勒人耶穌……」經過親身經歷，他洗心革面，從此歸信基督，由捉拿人的身份反轉成為被捉的，從壓迫者倒轉為被壓迫者，並且改名為保羅（卑微的意思），成為基督教的一代宗師，為主耶穌宣教，將福音廣傳，又為宏揚教義和培養信徒而寫下《新約聖經》中 27 卷中的 13 卷書信，包括闡明「因信稱義」的〈羅馬書〉和〈加拉太書〉，以及「愛是永不止息」的〈哥林多前書〉。

另外，聖經中還記載了神直呼亞伯拉罕、摩西、以利亞和亞拿尼亞的名字，每次都委以重任。

在夜闌人靜之際，或是驚心動魄的時刻，若你聽見有聲音呼喚你的名字，請説「我在，僕人敬聽。」

2017 年 4 月 2 日

胡秀英日

站在中大這冬青樹旁，我感到「樹不在高，有師則名，並且得以獨一無二！」

──〈中大冬青念秀英〉

中大冬青念秀英

在中大，有一棵獨一無二的樹，長在崇基學院的神學樓前面馬路對開的草坪上。有興趣去看看它的，可以由大學站出發，朝着民主女神像的方向上斜坡，到斜坡頂三叉口的位置，轉右橫行平路經過一排教學樓，就會見到崇基的禮拜堂。禮拜堂背後不遠處，穿過蜿蜒小路，林蔭深處，就是神學樓和容啟東校長紀念樓。獨一無二的樹就長在那裏的草坪上。

紀念樓的樓底有溪流自山上悠然經過，水聲潺潺，頌讚主恩。紀念樓的頂層是圓形小聖堂，綠色的琉璃瓦頂，與四周青蔥渾成一體。推門進入小聖堂，迎面是洗禮盆，聖水從盆中涓涓流出，象徵着源源不絕的聖靈恩賜和生命力。聖壇壁上放置的十字架，坐立在祥雲和蓮花之上，那是基督教（景教）在唐朝傳入中國時，帶有本土特色的設計。連接神學樓的鐘樓，頂層置有鐘琴和由電腦控制的 24 個銅鐘，可自動敲奏 99 首聖詩。鐘琴日間每小時彈奏報時，鐘聲清脆嘹亮，迴盪山谷，增添靈氣。

那棵獨一無二的樹所在的草坪是校園中靜謐的綠洲；周遭環境和建設劃出一片可安歇的空間，容讓人重新滌淨心靈，細味人生。

獨特的不是樹的巍峨，這棵樹目前只有一米半高；獨特的也不是因為品種罕有，這棵樹是冬青科的鐵冬青（Ilex rotunda）。

鐵冬青是常綠的喬木，成長後可高十多米，在香港不算稀有，雌樹在秋冬時會結滿紅色的果實。它的樹皮就是廿四味涼茶和三冬茶中的藥材「救必應」。同屬的其他冬青品種，不少也具有保健功能，例如梅葉冬青（Ilex asprella）的根是廿四味涼茶中的藥材「崗梅根」，大葉冬青（Ilex latifolia）和巴拉圭冬青（Ilex paraguariensis）的葉是分別用來沖泡苦丁茶和瑪黛茶的⋯⋯但要留意，西藥房賣的「冬青油」（wintergreen ointment）是水楊酸甲酯（methyl salicylate）製的藥物，與冬青科的植物扯不上關係。冬青屬的植物在西方是園藝的寵

兒，特別是葉邊長有長刺的歐洲冬青（*Ilex aquifolium*）和枸骨（*Ilex cornuta*）。有些聖誕卡圖片上展示的花環，假如是帶有多個紅色小圓果和深粗齒的葉，那準是歐洲冬青。

這棵樹在中大之所以獨一無二，是因為她是中大師生專誠為紀念一位已故的教授而栽種的。在這棵冬青樹旁的石上，鑲有一塊銅匾，以中英文寫着：「以此冬青紀念我們摯愛的同仁及導師胡秀英教授 1908－2012」。

中大紀念胡秀英教授的冬青樹（圖片提供：陳秀娟）

鐵冬青（圖片提供：楊國禎）

　　除了校方立樹紀念，生命科學學院更將植物標本室重新命名為胡秀英植物標本館，並將胡老師的死忌（5 月 22 日）定為「胡秀英日」。今年的胡秀英日，我們移師往上海辰山植物園，舉行紀念活動，並在園內栽植了一雌一雄兩株萬壽紅冬青（*Ilex chinensis*）。

　　中大這棵冬青樹代表着中大師生對胡老師的尊敬和愛戴，讓我們懷念她認真的治學精神：年登百歲依然每天早上七時出門到標本室工作，至晚上七時始回家的毅力，以及領着年輕學子上山下坡講授植物知識的熱情；從幼年失怙等人生傷痛到經歷多次戰亂的滄桑，但仍樂天知命如赤子，對人生無怨無悔的性格；簡樸自在，律己甚嚴，但待人以寬以誠，慷慨助人的豁達；誨人不倦，不論求教老少親疏，均樂於與人分享知識學問的胸懷；篤信基督教，通過探索自然與做物主神交的靈性……

　　站在中大這棵冬青樹旁，我感到「樹不在高，有師則名，並且得以獨一無二！」

胡秀英教授（圖片提供：鍾國昌）

延伸閱讀

Professor Shiu-Ying Hu (1908-2012). *Journal of Systematics and Evolution* 51: 235-239 (2013).

2015 年 5 月 24 日

五月，竹思師

又到 5 月，胡秀英教授已經逝世六年了。她是我們敬愛的同仁和老師，中大的師生和校友為了紀念她，在 2012 年 10 月 14 日胡秀英教授追思禮拜那天正式將胡教授一手建立的標本室冠名為「胡秀英植物標本館」，又於 2013 年 5 月 22 日在崇基的神學樓前種植了一株紀念胡教授的鐵冬青樹，而生命科學學院更將當天定為「胡秀英日」。

趁着五一假期，我回到校園，在崇基的「一條辮路」看竹。在女生宿舍華連堂對開的斜坡上，秀英竹（*Arundinaria shiuyingiana / Oligostachyum shiuyingianum*）長得特別茂盛。我站在坡下，看着秀英竹，緬懷胡老師，以及與我們一起編寫《香港竹譜》的賈良智師兄和馮學琳老師。

我對禾本科（Poaceae）情有獨鍾，大四那年開始研究香港的草坪用草，還獲當時的港督批准，前往港督府考察草坪上的品種及收集標本，而博士論文亦以禾本科的植物為研究對象。禾本科是個大科，含約一萬二千多個品種，其中的竹子（竹樹）是個異數，在華南常見的是木本的類型。木本的竹子與稻米同宗，但卻身材高挑，風姿綽約；與蘆葦、甘蔗份屬親戚，但像樹木那般伸展帶葉的椏枝，迎風搖曳、婀娜多姿；與香茅、玉米共處一科，但明顯更高風亮節、氣宇軒昂。晉朝的戴凱之在《竹譜》中指出「植類之中，有物曰竹，不剛不柔，非草非木 …… 若謂竹是草，不應稱竹；今既稱竹，則非草可知矣。竹是一族之總名，一形之偏稱也。」分類學家亦有相近的觀點，在禾本科內，按竹子的特徵而將之另置竹亞科（Bambusoideae）中。

從分類和品種鑑定的角度來說，研究木本的竹子，比研究其他的禾草難度更高。最麻煩的是竹子的生長週期相當漫長，不少品種要相隔 30 到 120 年才開花一次，期間會因應環境和氣候變化而啟動花期，而且開花結子後整株有機會枯萎，因此民間常把竹子開花與天災和乾旱掛鉤。由於欠缺花果等生殖器官的特徵以供比較，分類

中大的秀英竹（圖片提供：張保華）

秀英竹林（圖片提供：畢培曦）

學家唯有依賴營養器官提供的線索，但後者容易因環境而變化；另外木本的竹子個頭碩大，標本不易採摘，而且重要的器官如竹筍、竹籜和葉枝成長在不同的季節，所以往往難以同時在竹子身上看到全部具關鍵性的特徵。幸好在編寫《香港竹譜》時，有賈良智師兄和馮學琳老師前來指導幫忙。

談到賈師兄，則要從胡教授和日本侵華前說起。胡教授在 1929 年入讀金陵女子文理學院（金陵女大），原意主修數學或化學，但因驚見竹筍快速延伸為竹竿而改修植物學。畢業後，返回徐州的母校正心高中任教，兩年後獲廣州嶺南大學聘任，以半工讀的模式，每學期教一門課，同時在竹子研究大師莫古禮教授（F.A. McClure）的指導下，於 1937 年上旬完成碩士論文。同年 7 月日本侵華，於是胡教授隨沿海省份的許多大學師生逃難到四川成都，在華西協合大學生物系當講師，後升為副教授。賈師兄是四川人，在抗日期間（1942 至 1946 年）就讀華西協合大學生物系，曾修讀多門胡教授講授的科目，畢業後又留校受聘為助教，所以是我的師兄。抗戰勝利後，他前往廣州中山大學植物研究所（現為華南植物園）就讀研究生，畢業後留所任職，到 1986 年 12 月升任研究員（教授）。賈師兄中等身材、個子不高，但對竹子和木樨科等植物造詣甚高，研究的底子厚實、態度相當嚴謹，就以我國西南地區常見的栽培竹種慈竹為例，中外專家如倫德勒（A.B. Rendle）、莫古禮和耿伯介曾將之置於 *Dendrocalamus*、*Lingnania*、*Neosinocalamus* 和 *Sinocalamus* 等屬下，引起廣泛的辯論，但他和馮學琳分析鑑定為 *Bambusa* 屬的植物，並定名為 *Bambusa emeiensis*，獲得更多專家支持。歷年來共發表廿多個植物新種，以及兩個竹類新屬（薄竹屬 *Leptocanna*；單枝竹屬 *Monocladus*）；近期的研究將這兩個屬分別歸拼入 *Cephalostachyum* 和 *Bonia* 屬內。因應研究所的要求，賈師兄於 1975 年組建植物資源研究室，在資源缺乏的年月，一力引進人才、加添儀器、領導科研，成績斐然，他和周俊院士主編的《中國油脂植物》，內裏記載了中國含油脂的近一千種植物，記錄了兩萬多個參與人員分析的數據，成書後多次獲獎。馮學琳則是莫古禮教授

的助手馮欽的兒子，竹子也是他的專長，但他比較輕鬆，常常帶着微笑。跟他倆一起調查研究，是個樂趣，受益匪淺。

站在竹林前的五位植物學前輩：（左起）賈良智、陳封懷、馮學琳、胡秀英、陳德昭
（圖片提供：畢培曦）

　　我們在調查的過程中，於崇基的「一條辮路」和尖山（Eagle's Nest）發現一種非常秀雅的竹子，其根狀莖細長，程複叢生，竹竿高約 4 至 6 米，直徑約 1 至 2 厘米；節間長約 22 至 38 厘米，幼時常有紫色斑點並長有疏生短刺毛，節下常披一圈白粉，程籜早落或遲落。竹竿中部分枝常為 3 枝，主枝稍粗。枝上的葉片線狀披針形，長約 12 至 20 厘米，寬約 8 至 13 毫米，兩面無毛，葉下表面有狹長方格狀小橫脈。葉鞘無毛，常帶有紫色小斑點，葉耳不發達，葉鞘口有 2 至 3 條剛毛。經反覆研究，發現是個新種，所以賈師兄和我將之命名為秀英竹，以紀念胡老師對香港植物研究的貢獻，並感謝她的教誨和栽培。

　　看着葉片修長，氣質典雅的秀英竹，祈願它繼續展示胡老師的情懷與風骨。

2018 年 5 月 6 日

浴佛節

" 菩提究竟是不是樹？有樹還是沒有樹？這是學生的提問，似乎
亦是佛門要探討的重要命題。**"**

——〈菩提多為樹〉

菩提多為樹

　　菩提究竟是不是樹？有樹還是沒有樹？這是學生的提問，似乎亦是佛門要探討的重要命題。

　　遠在初唐年代，禪宗五祖弘忍的首座弟子神秀就提出：「身是菩提樹，心如明鏡臺。時時勤拂拭，勿使惹塵埃。」但與神秀同門的禪宗六祖惠能則有不同的看法，他說：「菩提本無樹，明鏡亦非臺。本來無一物，何處惹塵埃。」

　　他們在辯論樹嗎？那就要看討論中的菩提指的是甚麼，因為菩提在不同的場合中，可能有三種不同的意義。

　　先從佛教教義的層面來說，菩提（bodhi）代表的是「覺悟」，是看透事物的本質，是指不昧生死輪迴，從而導致涅槃的智慧。惠能說的偈旨在說明一切感官感受到的事物，甚至意念，皆如夢幻泡影，唯有放棄妄想執着，才能明心見性，自證菩提。惠能點出的境界是高超的，但對一般的信眾來說，相當難以捉摸，亦無法量化。相反，神秀跟惠能不同，他主張漸悟，關注修行的步驟，對一般的信眾來說，這比較容易掌握。

　　另一方面，從佛教的歷史層面來說，菩提亦指菩提樹（*Ficus religiosa*），這是桑科榕屬的一種熱帶植物，葉片相當典雅，三角狀卵形，先端驟尖，頂部再延伸為修長、達 2 至 5 厘米的尖尾；基部寬截形至淺心形，全緣或為波狀，基生葉脈三出，側脈 5 至 7 對。相傳佛教的始創人修行多年，遍訪名師，但一直未能找到解脫生老病死這些苦惱的方案。後來，他在菩提樹下苦思時，忽然頓悟，歸納出放棄執着人間事物，即可得到解脫。桑科的菩提樹在佛教被供奉為聖樹，所以佛門多有種植；但這種熱帶植物，無法在南嶺以北露地生長，因此長江流域的寺廟多用無患子樹（*Sapindus saponaria*）當作菩提樹，黃河流域的廟宇多以銀杏樹（*Ginkgo biloba*）代替，而中國西北高寒地區，往往用的是丁香樹（*Syringa*

菩提樹（圖片提供：鄒治中）

reticulata）。至於舒伯特的藝術歌曲《菩提樹》，原文德語是 Der Lindenbaum，指的是椴樹（*Tilia x europaea*），與菩提樹完全沒有關係，只是華語翻譯時因應文化背景才大膽套用的；這一點，龍應台在《親愛的安德列》一書中已有交待。

最後，還有第三個層面。在佛門中，菩提亦指菩提子，但指的並非桑科菩提樹的果實和種子，而是念珠。佛門中人會將多顆念珠穿線串連成鏈，在念經時，用手指撥動，幫助記錄重複頌念的次數或次序，提高專注力。製作菩提子的原料，用上了許多種乾果類的果實和堅硬的種子，其顏色、形態和紋理相當豐富多采。昆明的專家曾經進行調查，發現內地市售的菩提子，來自 19 科 39 屬的 47 種植物。其中，棕櫚科佔最多品種，包括 11 種棕櫚和 2 種籐；其次是豆科，有 8 種，鼠李科也佔 5 種，杜英科和漆樹科各 3 種，薔薇科 2 種，餘下的無患子科、椴樹科、千屈菜科、桃金孃科、夾竹桃科、橄欖科、殼斗科、蘇鐵科、大戟科、胡桃科、楝科、禾本科和

十八子手串，串上除了母珠外，還有十八粒不同品種樹木的種子或果實，包括核桃、石櫟、人面子、圓果杜英、緬茄、南酸棗、桉樹、貝葉棕、巨鰠豆、石栗等。（圖片提供：畢培曦）

狐尾椰子的種子是千絲菩提子（圖片提供：徐永欣）

露兜樹科，各有 1 種。其中的蘇鐵（*Cycas revoluta*）、大果人面子
（*Dracontomelon macrocarpum*）和藍棕櫚（*Latania loddigesii*），都
屬於瀕危或極危物種。個別文玩界的老行尊相信，選用作菩提子的
植物品種，絕對超過 100 種。

看來，從菩提子的角度來說，我們修讀植物學的，也可插嘴說：
「菩提多為樹！」

延伸閱讀

Seeds used for Bodhi beads in China. *Journal of Ethnobiology and Ethnomedicine*
10:15 (2014).

2015 年 6 月 28 日

端午節

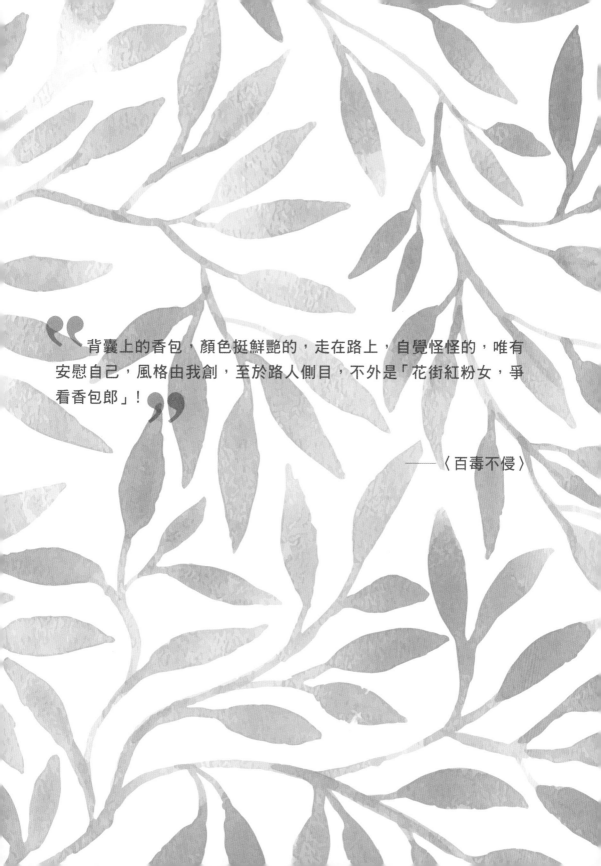

　　背囊上的香包，顏色挺鮮艷的，走在路上，自覺怪怪的，唯有
安慰自己，風格由我創，至於路人側目，不外是「花街紅粉女，爭
看香包郎」！

——〈百毒不侵〉

從衛生看端午的植物

　　端午節、春節和中秋節，合稱華人的三大節日，也是同屬東亞文化圈的琉球、日本、朝鮮半島和越南的重要傳統節日。但在香港，端午節跟春節和中秋節不同，例假只有一天，也沒聽說大機構讓僱員提早一、兩小時下班回家預備飯菜的黑市假期，節日後也沒有增加休息的日子，扒龍舟的健兒被迫在假期翌日便要帶着痠痛的肌肉上班。台灣政府則考慮周到，以擇日補班、補課的方式，讓民眾連放四天端午假期，不料一名資深主播借題發揮，嗆新上任的政府「為甚麼，為了二千多年前，一名中國失意的政客自殺，我們要連放四天假？」，又舉出春節以及中秋節，繼續嗆「為甚麼，為了慶賀幾千年前，一批沒有被怪獸吃掉的中國人，我們要連放六天假？為甚麼，為了一名亂吃減肥藥，離家出走的中國女子，我們要放假一天，全家團圓？」香港有個報章的專欄也乘機「抽水」，借聯校搞論壇，質疑「香港人該悼念屈原嗎？」姑不論這主播是否「乞 Like」，還是搏取知名度，我們能從百忙中平白抽出一天空閒，大可以好好享受，甚至趁機將端午節變成親子或通識教育的機會，在吃喝玩樂之餘，去了解與端午有關的植物和背後的文化。

　　端午節選在每年農曆五月初五慶祝，純粹是個與節氣相關的安排，因進入五月後，天氣漸漸炎熱，螞蟻蚊蠅孳生，傳染病容易發生，所以為加強民眾衛生意識，古人稱五月為「惡月」和「毒月」，讓民眾認真預防，故此端午節可以說是中國古代的衛生節。整個節日宣傳的方法，最初是以祛瘟辟邪和祭龍來推動，後來才加入紀念歷史人物的內容，特別是投江自盡的東漢孝女曹娥和戰國詩人屈原，以及被屍沉江底的春秋名相伍子胥，他們的角色正好配合傳統祭龍的慶典，並且讓宰牛獻祭衍生出角黍和糉子的風俗。所以與端午有關的植物可以分為兩大類，一類辟邪祛鬼，另一類祭奉口腹五臟廟。辟邪祛鬼的植物目的就是為了公共及個人衛生。

　　古時沒有殺蟲劑和蚊怕水，民眾唯有從花草樹木中，尋找防疫祛

蟲的武器，其中夙負盛名的是「天中五瑞」；天中指五月五日午時，而五瑞即是菖蒲、艾草、蒜頭、石榴花和山丹等五種植物。其中的菖蒲，亦即菖蒲科的石菖蒲（*Acorus calamus*）和金錢蒲（*Acorus gramineus*），多生在山澗水石空隙或山溝流水礫石間，其葉似劍，艾草（*Artemisia argyi*）則是菊科的植物，晉代《風土志》説「以艾為虎形，或剪綵為小虎，帖以艾葉，內人爭相裁之」。蒲和艾兩種植物均含芳香成分，能散發出一股奇特的芳香，起到祛除蚊蟲的效果，懸掛在門楣上，起着「手執艾旗招百福，門懸蒲劍斬千邪」的氣勢。至於蒜頭（*Allium sativum*）同樣發出惡臭，可以防蟲除蟲，但在端午時節開花的石榴花（*Punica granatum*）和山丹（龍船花 *Ixora chinensis*）只屬辟邪的吉祥物。另外民間又將榕樹樹枝（*Ficus*

金錢蒲
（圖片提供：張保華）

艾草
（圖片提供：幸敬陽）

山丹
（圖片提供：趙雅然）

microcarpa）比作身體矯健，所以亦有將榕枝，連同菖蒲和艾草用紅紙綁成一束，懸在門上。清代顧鐵卿在《清嘉錄》中有一段記載「截蒲為劍，割蓬作鞭，副以桃梗蒜頭，懸於床戶，皆以卻鬼」。

　　除了居室置放袪除蚊蟲的植物，民眾亦要照顧個人衛生，西漢時期的《大戴禮記》已有記載説「五月五日，蓄蘭為沐浴。」《楚辭》亦提到「浴蘭湯兮沐芳華，華采衣兮若英。」所以在端午日，將菊科的佩蘭（*Eupatorium fortunei*）煮湯，用來沐浴，已有二千年歷史；不同地區或改用菖蒲、艾葉等含芳香成分的植物煮湯洗澡。民間也相傳在端午要洗龍船水，得以免除疾病，這些安排歸納其目的都是要潔淨身體。沐浴之後，記得在孩童時，母親還會給我們繡香囊，又到中藥店買些由中藥材打粉製成的香粉放在囊內，給我們佩帶在身上，好袪除蚊蟲、辟除體臭。

　　在端午，傳統上又會飲菖蒲酒、雄黃酒等，以袪除百病，白蛇傳裏的白娘娘就因為喝了雄黃酒而現形。

　　根據上述使用植物的特色，我們不必拘泥究竟應該紀念那個歷史人物，將端午節加入推廣衛生成分就可以了。

2016 年 6 月 12 日

傻傻的糭子

糭子的「糭」字有三個寫法，分別是「糭」、「糉」和「粽」。我們在小學時學寫的就是最複雜、最多筆劃的「糭」字，而且亦要學寫與它相似的「傻」字，並且默記從「米」和從「人」兩個部首的差異。

在粵語流行曲剛起步的時代，歌手仙杜拉有首歌，調用活潑輕快的廣東音樂《旱天雷》，開頭前兩句是「邊個話我傻、傻、傻？我請佢食燒鵝、鵝、鵝」，由於歌詞生鬼、旋律優美，令人一聽難忘。但我更喜歡藝人盧海鵬唱的歌詞：「邊個話我傻？我請佢食燒鵝。心裏沒有煩憂來擾又點算係傻，唯望人人都學得我做長笑佛，呢呢日日傻笑下晒，心裏樂呵呵！想吓度吓難為煩惱，難計何其多。行埋就噏嚛（吵架），心底裏感確係難於化解日積年積，攢滿心胸有幾大籮。朋友都要學我，個個都開心一笑，像個開心果。個個都又說又笑、無苦無憂、有福有德、愈笑愈富、青春美麗長慶賀。祝你闔家笑聲相伴，大展鴻運夠就夠哂妥啦！哈，事可合心，人可常歡，笑口，常開，又怕乜呢你話我傻！」他唱得無拘無束，表情鬼馬，更顯出他爽朗的風格，活得瀟灑。

老一輩的應該記得旺角彌敦道和山東街交界的瓊華酒樓，地下是餅家（瓊華餅家），對上四層就有西餐廳、中式茶樓、酒樓和夜總會。瓊華餅家的推廣手法超勁，每逢賽馬日以七折出售「馬仔」（薩琪瑪），聲稱「食完馬仔，贏馬仔（賭馬）」；到端午賣糭的時候，門口會亮着「邊個話我傻」的霓虹燈，而報章廣告亦會用「邊個話我傻」來吸引讀者。

瓊華餅家的廣告並非泛泛之談，除了大書「邊個話我傻」之外，還旁註「角黍包金，可祭三閭之魄。香蒲切玉，可供五臟之神」，足見其文化素質，亦反映出以往市民的中文水平。其中三閭指的是三閭大夫屈原，而角黍包金和香蒲切玉，則出自宋代黃裳的《喜遷鶯（端午泛湖）》：「梅霖初歇。乍絳蕊海榴，爭開時節。角黍包金，香蒲切玉，是處玳筵羅列。鬥巧盡輸少年，玉腕彩絲雙結。艤彩舫，

看龍舟兩兩，波心齊發。奇絕。難畫處，激起浪花，飛作湖間雪。畫鼓喧雷，紅旗閃電，奪罷錦標方徹。望中水天日暮，猶見朱簾高揭。歸棹晚，載菏花十里，一鉤新月。」角黍是古時糭子的名稱，相信是因為其形似牛角，那是包糭時採用一片糭葉，將葉子頂端從葉中間往另一邊繞過葉底轉一圈，形成一個錐形，填入糯米和餡料，再用葉子另一端作為封口，包紮起來就是錐形的糭，煮熟後剝去糭葉就更像牛角。香蒲字面上指的是香蒲科的香蒲（*Typha orientalis*），但估計應該是菖蒲科（Acoraceae）的菖蒲（*Acorus calamus*）和金錢蒲（*Acorus gramineus*）等品種，因為其莖含芳香精油，葉如利劍。至於包金和切玉則分別指金黃色的鹼水糭和白玉似的糯米糭。

很快就到端午節了，但傳媒似乎仍舊傻傻的，繼續延續紀念屈原投江自盡的理由，那只是個令人神傷的故事、一個不值得鼓勵的例子、一個浪費天賦才華並剝削後人欣賞更多創作的錯誤。端午節實質是中國古代的衛生節。

2017 年 5 月 21 日

金錢蒲（圖片提供：陳勁民）

鹹肉糭（圖片提供：畢培曦）

端陽糉子的外衣

上週端午節假期，乘搭「歐洲之星」由倫敦前往巴黎，同行的談到要看看巴黎時裝，又說要找家中國餐館吃吃端陽糉子，我不期然想起包着糉子的外衣……

古籍中最早記載「糉」這個字的，是中國第一部字典《說文解字》，但這部經典語焉不詳，只說「糉：蘆葉裹米也。從米㚇聲」，引申來說指的是用蘆葦葉包裹着米煮成的食物。其後，魏晉南北朝時期西晉那位「除三害」的周處著有《風土記》，從網上資料可見，內中提及：「仲夏端五……先節一日，又以菰葉裹黏米，以栗、棗、灰汁煮令熟，節日啖……」又談到：「仲夏端午，烹鶩角黍……進筒糉，一名角黍，一名糉。」其中提到的角黍，是古時糉子的名稱，相信是因為其形似牛角，那是包糉時採用一片糉葉，包紮成錐形的糉，煮熟後剝去糉葉就更像牛角。聽說廣東河源亦有這樣的糉子，叫「一口糉」。

從以上的資料看來，古代包糉都以米為主，但可加入其他食材，以添口味，而用的糉葉主要來自蘆葦葉、菰葉和竹筒，這三款糉葉形狀各異，唯一的共通點是它們都來自禾本科（Poaceae）的植物。近世香港廣泛使用的是箬竹的葉，受歡迎的原因是它的葉子軟硬度適中，香氣更濃，葉片寬大，適合包糉。台灣等地也見選用桂竹籜和麻竹葉等材料。

但選用禾本科植物的葉和其他營養器官來包裹食物，以便燒烤蒸煮，倒不是糉子的專利。中美洲的土著從公元前 8,000 年就有利用粟米葉和粟米皮（粟米衣、粟米殼 corn husk）來製作墨西哥糉（塔馬利 tamale），其中放置的粟米麵團（mesa）多經過鹼性處理，以水解或破壞粟米的半纖維素（hemicellulose），方便人體吸收粟米的菸鹼酸（niacin）。另外東南亞地區亦有挑選糉葉蘆的葉片作為當地的糉葉，這個品種香港亦有分佈，據說在大陸亦用作糉葉，但似乎未見於市場。

至於其他民族選用其他科屬的植物來包裹食物，則更加廣泛，五花八門。在中東和西方盛產葡萄的地區，葡萄葉捲飯（dolmades）相當流行，當地人會將鮮葡萄葉或乾葡萄葉清洗乾淨或放滾水中快煮後撈出，用來包裹米和餡料，再用水煮至軟身，可連葡萄葉一起吃用。南印度人用兩片棕櫚葉的羽片夾着米粉和椰蓉蒸熟，亦有用柚木葉煮菠蘿蜜糉（pellakai gatti），而西爪哇人也用柚木的葉包米糉。東印度人愛用薑黃葉包着米、椰醬及發酵的黑豆蒸熟。夏威夷人常把芋頭葉包魚和豬肉，蒸熟或用燒熱的石頭焗熟。新加坡人則用檳榔樹的葉鞘包裹粿條及海鮮蒸熟。台灣原住民的食品「阿拜」，是用假酸漿葉或南瓜葉將糯米、小米和豬肉包好，外加月桃葉綁紮起來，用水煮熟後除掉月桃葉，連假酸漿葉一起吃用。越南人於農曆新年，會用柊葉包糉，分送親友。非洲金馬倫人卻挑非洲賣麻藤葉或芋頭類的葉包裹，另有用芭蕉葉包着木薯粉烤煮⋯⋯

粟米皮包的糉子（圖片提供：劉雪霏）

月桃果、月桃葉糉（左）、竹葉糉（右）（圖片提供：彭淑貞）

　　同樣地，在我國不同地區，亦會選用其他品種作為糉葉。在香港有售的包括用柊葉包裹的裹蒸糉和蘆兜糉。前者是廣東省肇慶市的特產，其外衣來自柊葉，以水草包扎成金字塔形，但當地人拒認糉身，堅稱其正確名稱是裹蒸。而後者則以中山的蘆兜糉聞名，選用的是老身的蘆兜葉，因有足夠寬度，包糉時更容易，葉香也較濃，但蘆兜葉兩旁和背面長有尖刺，要先削除，然後浸水煮至軟身。包糉時先把葉捲成筒狀，填滿糯米和餡料，用葉封口，以鹹水草綑紮成一個「枕頭」，用水約煮 6 個小時，讓糉子盡吸葉香。另外廣東東莞市邊防轄區也用蘆兜葉來包「林防糉」，他們把除刺和浸泡過的蘆兜葉編織成枕頭、菜籃、硯台、魚簍等形狀，內中填滿糯米、綠豆、五花肉等，相當別出心裁。

　　在山東、山西、陝北和河南等地，採用的是殼斗科一種當地叫栗柞樹的葉（槲葉），包糉時用幾片槲葉，互相部分疊放，以鋪開增大面積，再在上面添放糯米和餡科，堆成長條狀，再像摺信紙為三摺

蘆兜糭（圖片提供：畢培曦）

那般，將兩旁的葉片摺向對邊，然後用線或水草綑好。煮出來的糭子有一股特別的清香，當地人親切的稱之為「椷包」。其他的糭葉品種還包括椰子葉、砂仁葉、美人蕉葉、粟米葉、芭蕉葉、荷葉、月桃葉等。

綜觀這許多品種，選用作為糭葉的原則是葉片寬大，安全無毒，有一定的柔韌度，方便屈摺，亦要有一定的堅韌度，經得起長時間烹煮，而且產量較多，能夠為糭子增添香氣。看來可以找幾個生物科和家政科老師，在親子活動中，與家長和學生一起測試，看看還有哪些葉子可以用作糭子的外衣。

2017 年 6 月 4 日

日本的糭子

在五一勞動節期間，去了日本成田和富士山一帶自駕遊。沿途處處高懸着各樣顏色的鯉魚旗幟，煞是漂亮，長長圓圓的，張着嘴讓風從口吹進，把肚子鼓得脹脹的，在空中飄揚，顯得朝氣勃勃。

到登上茨城縣的竜神峽，景色更加壯觀，橫跨竜神大吊橋峽谷兩岸的半空中有多條鋼纜，上面亦掛有連串的巨形鯉魚旗，每條大概有 7、8 米長，顏色多樣，隨風飄舞，氣象萬千，把平靜的河谷，幻化成鯉魚擁游的河道、奔躍的龍門。

細問之下，發現 5 月 5 日原來是日本的兒童節（兒童日），原先是日本的男孩節，因為 3 月 3 日另有女孩節（雛祭り），而 11 月 15 日，則有「七五三」的活動，讓 3 歲和 5 歲的男生，以及 7 歲的女生穿着和服，前往神社拜祭，感謝神明借來健康和壽歲，並且領取細長的千歲飴糖果，吃過便能長得又高又健康。但從 1948 年起，5 月 5 日成為公眾假日，故此這天是慶祝所有兒童幸福和福利的節日。至於懸掛鯉魚旗，則源自中國的「望子成龍」和「鯉躍龍門」的傳說。鯉魚旗的色彩據云有一定的講究，紅色的「緋鯉」代表母親，黑色的「真鯉」代表父親，青藍色代表男孩，而青藍旗的個數代表家中男孩人數。

5 月 5 日原來亦同時是日本的端午節，雖然源自中國農曆的節日，但日本改奉陽曆之後，5 月 5 日的所謂端午節，就完全脫離端午辟邪衛生的原意，但昔日在端午插菖蒲的習慣，則因為日語中「菖蒲」與「尚武」和「勝負」的發音（しょうぶ）相同，而衍生為男孩的節日。如今在日本僅保留吃糭子的風俗。在超市見到的，一般只有像糯米糍或茶果那樣，但用槲葉（*Quercus dentata*）對摺夾着的槲葉糕（柏餅 kashiwa-mochi）及其他的麻糬，只在兩三處碰見長錐形或尖角形的糭。憑網上的圖片比對，似乎就是用青茅葉（*Miscanthus tinctorius*）和搗碎的糯米或麵粉蒸成年糕一樣的苅安糭（刈安糭），包裹時要把葉柄保持在尖的一端，方便綑成一束，打開發現內藏的

竜神峽竜神大吊橋的鯉魚旗

苅安糭

笹糭

（以上圖片由畢培曦提供）

是雪白的米糕。另一種在車道旁擺賣的笹葉糭（笹團子），包裹的方法似乎相當粗疏，只用笹葉放在麻糬上下，再在兩端綑綁。

據網上資料，日本各地還有多種多樣的糭子，包括靜岡縣藤枝市朝比奈村加入山茶花根燒成灰的朝比奈糭、新潟縣的笹糰子和三角糭、宮城縣和福島縣的大豆三角糭、京都府以葛粉為材料的水仙糭和羊羹糭、長野縣的朴葉糭、島根縣的笹卷、鹿兒島縣以孟宗竹箬包裹的鹼水糭等，但這次旅途短暫，唯有日後找機會詳細了解。

2018 年 6 月 10 日

山西黃米糉

在專欄報道了「日本的糉子」之後，繼續整理資料，期間發覺所謂日本的糉子，雖然是日本人在端午時吃的節日食物，而且亦有用葉片夾着或包裹，但它們基本上是糕點，連在自駕遊時未碰見的水仙糉，估計不外乎也是用葛粉造的葛餅（kuzu-mochi）。

為了進一步認識糉子，我忽發奇想，先找親手包過糉子的親友，仔細問清楚她們包糉和煮糉的步驟和經驗，讓我先有點基礎。跟着把上星期天的明報專欄掃描成圖，再通過微信傳給內地的朋友，請他們指正，同時請求他們幫忙介紹他們家鄉或居住地區的特色糉子。

收到請求後，絕大多數的朋友都回覆說「只有傳統的糉子」，少數則用三兩句簡單介紹了當地的糉子，另亦有承諾「過些天就會有糉子了，到時候拍些照片」，但亦有直接說「家裏沒包過糉子」或「上街看了，都是普通的糉子」。從回覆可以看出，大多男生的答案比較籠統，對糉子的觀察比較粗疏，相信都如我一樣，只管吃，不管買，更不管煮。另一方面，朋友們總是從本身的角度看當地的糉子，所以見到的全屬傳統的，沒甚麼稀奇。於是我補充說「不同地方的糉子都有不同，例如外形可以是長條形、三角形、菱形、圓錐形、筒狀等；包糉用的葉可以是葦葉、菰葉、竹葉、竹籜、槲葉、芭蕉葉、月桃葉、荷葉，甚至是竹筒等；填料有用糯米、大麥、青稞、薏苡、藜麥、大豆、綠豆、紅豆、棗、栗子、豬肉等；顏色有白、黃、灰、五彩等；味道是鹹、甜、辣、麻或鹼水味等；包紮用繩、水草、麥稈、禾稈等；吃時加糖、醬油（豉油）、辣椒醬、奶油等；煮的方法包括蒸和煮；加熱時蒸、煮、煎、炸？細節或有不同」。當我提供詳細的指引後，朋友們的描述變得更為具體。

山西的朋友弄清楚我的要求後，主動幫忙，以下是部分在微信的對話：

我：「太好了，謝謝！山西一定保留了古代糭子的種類和特色。你們是用黃米（*Panicum miliaceum*）嗎？」

友：「有黃米，也有江米（即糯米），為完成您交給的任務，我前兩天專門去買了黃米（我們叫軟米）泡好，昨天中午已和同事們包好，晚上煮了，今天就可以把全部照片拍好了。……一會把黃米糭打開了拍照，剛煮出來熱的不成型，涼了以後才行。」

我：「很漂亮的照片，很誘人的黃米糭子，謝謝你，謝謝你們！」跟着一邊看照片，一邊問：「包糭的葉片很油綠，質厚但卻柔韌，是甚麼葉呢？是新鮮摘下來的，還是市場鮮賣的？是乾葉泡水還原的？有原葉的照片嗎？泡水前後的比較嗎？」「包紮用的繩，非常特別，不是稻稈，是甚麼材料？有照片嗎，要先處理嗎？包紮時只在一角或肥肚部分簡單一圈，相當簡潔優雅，不用五花大綁，頂有意思。」

友：「葉子是蘆葦葉，繩子我們當地叫馬蓮，沒有確認是否是馬藺（*Iris ensata*）。」

我：「黃米是生的嗎？要先泡水嗎？泡多久？加在黃米內的是紅棗嗎？去核嗎？多少粒？」

友：「黃米先用水泡兩至三天，每天換水兩次，裏面是紅棗。」

我：「水煮是蒸？還是焓？多久時間？用大火焓，還是用中火？」

友：「糭葉和馬蓮需用熱水泡或煮一下，煮糭子是小火慢煮，需要壓一重物，以免煮飛，現在有用電壓力鍋煮，如果用煤氣灶煮，需細火煮四至五小時，甚至煮一宿。」

我：「用小火，水不會滾，像燜熟，汁液會保留在黃米之內。煮熟後，趁熱吃？涼吃？蘸糖嗎？加蜂蜜嗎？沒加調味裸吃嗎？」「葦葉相當厚，比箬葉或竹葉厚，有香氣嗎？」

黃米糭

馬蘭葉
（以上圖片由羅晉萍提供）

友：「涼吃，因為棗甜，甚麼都不用加⋯⋯是紅棗，山西傳統就是放紅棗，糉葉好像微微有一點點清香味。」「不煎炸，煮好後一般泡在涼水裏保存，一個糉子裏放二三顆紅棗。」

我：「明白了！一般是當主食？還是茶點？」

友：「一般早餐吃。今天下班我去菜市場拍張馬蓮照片，趁這幾天有賣的，端午節一過，這些東西都見不到了。」「⋯⋯這個是山西晉中一帶包的糉子形狀，這個是晉北一帶的，而山西晉南吃涼糕，不怎麼包糉子。」

我：「一晉三分，有趣！」

友：「馬蓮的照片⋯⋯」

通過朋友的幫忙，我終於認識到北方傳統吃的黃米糉子，用的是比小米大一點、位列五穀之一的黍，雖然山西人看它很普通，但對我則十分新奇，以後一定要找機會嘗嘗。

2018 年 6 月 17 日

武當張三丰清水糭

端午節在內地是重要的節日，今年與週末連休，放假三天，期間內地人習慣通過微信互祝端午安康，我則把上周介紹山西黃米糭的專欄掃描成圖，再透過微信送給朋友，並且附加標題說「端午請吃糭子，以文代糭」。

以前的博士生看了即時微信來問「將有糭子系列文章？」我沒有直接回答，半開玩笑說「慢慢寫，每年一兩種，估計可維持三十年！」他自然反應說「這麼多啊！會寫三五十篇？」我補充說「朋友送來幾種糭子，其中一種是東莞道滘的糯米糭。食家蔡瀾對道滘糭情有獨鍾，說它包着一塊浸過糖水的肥豬肉，『用糯米包了，蒸熟之後，整塊肥豬肉溶化在糯米之中，那種味道，只有你親自試過才知道。』學生中有中醫執業資格，並在天津當教授的，急忙提醒：「您還吃肥豬肉？」「沒有，那是蜜糖單黃鹹肉糭，剛才加熱後與家人一起品嘗，味道的確不錯，中央的綠豆入口溶化，鹹蛋黃帶甜味，惹人喜歡，肥豬肉則拿掉。」我回應說。他一再苦口婆心，勸我淺嘗即止。我只好解釋說「寫專欄就有這苦處，要先試過味道，再編一個故事，引用一些情節，延伸至千六字，很費勁，但有挑戰性。光是道滘糭，就有七八款，要全面理解感受，提升到蔡瀾的水平，始能下筆……文章千古事，肚內蟲子先品嘗！」他拿我沒轍，客氣說「我們等着您的糭子美文！」

跟着手機叮噹一響，是十堰的朋友傳來的微信。去年我第一次到訪十堰，出席中藥質量與療效的國際學術會議，認識了負責的這位朋友。到訪之前孤陋寡聞，不認識十堰是甚麼地方，後來才知道原來武當山就在十堰。會議結束，吃過午飯後，匆匆趕到武當山，沒料已經太晚，前往金頂無望，只好去參觀南岩坡的玄帝殿和南岩宮。玄帝殿相當宏偉壯觀，而南岩宮據云是道教所稱真武得道飛升的聖境。網上有介紹說「南岩峰嶺奇峭，林木蒼翠，上接碧霄，下臨絕澗……南岩宮依山而建，現僅存宮中石殿，石雕仿木結構，殿內有『天子臥龍床』組雕和『三清』塑像，四面環立 500 個鐵鑄靈官塑像，生動逼真。殿外崖前有雕龍石柱，伸出懸崖外，上雕盤龍，龍

頭上置香爐，俗稱龍頭香」。由於時間緊迫，而每處景物都要逐一徵收香油，始能參觀，所以我們沒法多留。整體而言，武當山景觀壯麗、建築奇特，只可惜十分殘破，令人惋惜。

打開十堰朋友的微信，原來是他的端午早餐的照片，吃的包括一隻糉、兩個蒜頭和一個雞蛋。揭開糉葉，清楚見到葉上的斑紋，那明顯不是竹葉，而是竹籜。切開糉子，全是糯米，沒有餡。跟着他傳來介紹：「我們這裏糉子以糯米為主料，輔以豬肉、紅棗、花生等，製成三角形，包裝以竹筍葉為主。本地習俗端午節會全家團聚、祭祖，吃糉子、大蒜（一般吃煮熟的）、雞蛋，喝黃酒。無論城市鄉村家家門口插五月艾以驅邪、驅蟲……」另外他又補充說「照片中包紮糉子的不是繩，就是劈開糉葉擰成的繩……糉子是夫人家裏的人包的。糉子快熟的時候加大蒜和雞蛋煮約十分鐘。煮好後置於涼水浸泡（若長時間則儲存於冰箱）。無論是糉子、雞蛋還是大蒜，吃的時候一般直接吃涼的，不加熱」。我跟着問「十堰的糉子，可否代表湖北人吃的糉子？」他回答說「十堰的糉子在湖北有代表性」。我笑說「那麼很有可能，張三丰也是吃同樣的糉子！」

之後在網上發現，有博客介紹說「十堰各地包的糉子也不盡相同，兩竹的糉子形狀是立體四面四角形，包臘肉丁子。房縣的糉子是兩平面三角平體，用白糖、芝麻粉配料。包葉有青糉葉、竹筍葉等。糉子的主料是糯米，先將糯米洗淨，放在水中泡半天左右，再把糉葉洗淨，竹筍葉要先用水煮。端午節這天，還有別具風味的吃糉子、喝雄黃酒、煮雞蛋、煮大蒜等習俗。十堰民俗中有四句話，『吃了清明蛋，壇裏不能閑。再泡雞鴨蛋，端午當早飯。』」繼續追查之後，發現湖北主流吃的是沒有餡料的清水糉，是市場銷量最高，佔五成左右。

另外有資料顯示「端午節除了紀念屈原外，還要避五毒，因為傳說中的五毒妖怪（包括蛇、蜈蚣、蜘蛛、壁虎和蠍子）到了端午就會為害人間，民間用五種紅色的菜象徵這五毒的血，吃着這些菜的時候，就會把五毒妖怪嚇跑，也就是吃五紅了，分別是烤鴨、莧菜、紅油鴨蛋、龍蝦和雄黃酒，據說端午節吃了這五紅，整個夏天就可以辟邪避暑了。與五紅類似，江南民間端午節還有吃五黃的食俗。

竹籜包糉 籜條裹糉
（圖片提供：汪選斌）

武當山懸崖上的龍頭香爐
（圖片提供：畢培曦）

五黃指黃鱔、黃魚、黃瓜、鹹鴨蛋及雄黃酒。不管是五紅還是五黃，都包括鴨蛋在內，所以端午節吃鴨蛋有辟邪祛暑的原因」。有些地區，更用五顏六色的網袋裝着鴨蛋或雞蛋，掛在小孩的脖子上，祈求逢凶化吉。而小孩則可到別人家裏領取鴨蛋或雞蛋，大有西方萬聖節的風味。至於蒜頭，相信也是帶有祛邪的用意。

　　經過十堰朋友的幫忙，我得以增廣見聞，「漲姿勢」（長知識）。要是那天我下功夫寫武俠小說，屆時一定加插武當派在端午節吃清水糉、雞蛋和蒜頭的情節。

2018 年 6 月 24 日

糖稀酸奶糯米糉

糖稀酸奶糯米糉，按照香港的習慣用語，即是糖漿乳酪糯米糉。當我第一次聽見有這種糉子時，簡直傻了眼！為了進一步了解，我親自拿鹼水糉進行實驗，又請泰國朋友給我下廚拍照，雖然端午節已過，但趁記憶猶新，還是及早寫下。

事緣我在端午節前，通過微信請求內地的朋友，幫忙介紹他們家鄉或居住地區的特色糉子，結果新疆的朋友傳來回應：

> 友：我們這裏是北方，就是大眾特色的糉子。就是蜜棗（指甜味的紅棗）糉子，肉糉子甚麼的。

> 我：謝謝你！在南方，連蜜棗糉子也未見過。

> 友：不會吧？北方一般吃甜糉子，蜜棗的，豆沙的。我們下鄉的時候，去南疆農村巴札（集市），看到維吾爾族吃一種白糉子，沒有調味的，也沒有餡，但他們是壓扁了澆上糖稀和酸奶，拌起來吃。

> 我：真的嗎？那真是域外異品！拜託你拍照介紹。

> 友：沒事，不要那麼客氣。你看以前拍的照片，下面的是壓扁的糉子，上面澆了酸奶，最上面棕紅色的，就是糖稀。這是我們的叫法，維語怎麼叫我們不知道。

> 我：太奇怪了！請將未打開前的模樣，採用的材料等，一一拍照。

> 友：就是市面上賣的普通的三角糉子，巴札上只有一家賣，平時沒有。糉葉我確認了，就是蘆葦葉。糯米糉子，澆在上面的褐色糖稀，是把葡萄在鍋裏面煮爛熬成汁，把果皮果核過濾掉，再加白砂糖融化了以後放涼，也有說是玉米汁和葡萄乾熬成的。白色的是純酸奶，是自然發酵自製的，不加糖，口感醇厚，很厚重，不是那種稀稀的。吃的時候是把糉子，酸奶，糖稀攪拌均勻以後一起吃的，口感酸甜滑糯，比較爽口，挺好吃的。

　　新疆朋友介紹的這款酸奶糉子，有點匪夷所思，我心中納悶，奇怪又酸又甜的糉子，怎麼會好吃呢？又糯又滯的糉子，在乾燥少雨的邊疆、慣吃重口味孜然羊肉的巴札，能有怎樣的吸引力呢？

　　我反覆將照片放大，細看蛛絲馬跡，見到糉葉層層疊疊，又似螺旋纏繞、連續卷着的，會是菰葉嗎？糉葉包得馬虎，生米容易漏出來，難道是蒸熟的糯米飯？酸奶厚厚一層，看似豆腐或馬蘇里拉新鮮芝士（Mozzarella），也許是老的老酸奶？

　　我隨即上網尋找相關的資訊，從而漸漸綜合出一定的輪廓。

　　事實上，端午吃糉、扒龍舟、紀念屈原、祛瘟辟邪等習俗，都是中原漢族的傳統；除了是國家法定節日之外，端午對新疆的維族來說，是陌生的舶來品。從散落在網上的博文、談話，可以看到不少維族老鄉對端午全無認識，吃糉的新意是從中原傳過去的，包糉的手藝也是從漢人偷師學會的。在每週一次的巴札上，包糉子、賣糉子的檔主多是平日幹粗活的農民，個別包糉的手法粗陋，也就唯有將就了，而且糉葉每每回收，重複使用，層層疊疊也不算浪費。至於糖稀和酸奶的稠度和厚重，在不同的夜市、不同的攤店，亦有差異，但如何發展成糯米糉的配搭，則沒找到答案。有趣的是端午的糉子，通過異地文化的衝擊，大放異彩，變成 fusion 食品，除了加入糖稀和酸奶，還可加上冰渣（刨冰），為北疆的市集帶來驚喜。

　　為了進一步估算糖稀酸奶糯米糉的口感，我拿起家裏的鹼水糉進行模擬實驗，首先加上草莓乳酪，味道可以，但稀稀的，沒有份量。跟着試加上曲奇味雪糕，味道不倫不類。初步結論是鹼水糉不是好選擇，改用淡而無味或微甜、密度稍鬆的糯米糉會更好，乳酪或雪糕可以選更甜的種類，若加上甜的漿果估計亦會增加口感。

　　正嘗試各種配搭之際，我想起泰國的芒果糯米飯，涼吃的，是泰國有名的食品。超甜成熟的芒果，本身已很好吃，配合甜的糯米飯，蒸熟的，較鬆散易吃，再加上椰漿、炒乾的綠豆仁，甚至雪糕，估計有相近的口感，令糯米糉和糯米飯沒那麼「滯」。

　　新疆的生酵和熟酵酸奶，相當有名，配搭 fusion 產生的糖稀酸奶糯米糉，相信別有一番風味，看來，我還得安排一次新疆行。

2018 年 7 月 22 日

南彊糖稀酸奶糯米糭
（圖片提供：于新蘭）

泰國芒果糯米飯（圖片提供：Panyabhorn Pluemboon）

百毒不侵

快遞公司送來一件包裹，寄件人只留下英文名字，沒寫姓氏，寄件地址也只寫下快遞公司的分區收貨站。拆開包裹發現內藏一個糖果鐵盒，正打開時，嗅覺敏銳的太座已經叫說「好香！」

打開一看，盒內最上層平放着五小袋植物香料和一小袋木棉棉絮，下層藏有三個透明夾鏈自封袋，袋上一角有張貼紙，分別寫着蘇木（sappanwood）、薑黃（tumeric）和藍靛（indigo）。每個袋內放有兩個一大一小三角糭形的香包，香包的顏色分別是粉紅色、黃色和藍色，配有紮染留白的花紋，非常漂亮。太座也拿來欣賞，又稱讚染工和縫藝十分到家，並且笑說「你這把年紀，還有神秘粉絲！」

女兒看見我倆笑得開懷，也來湊熱鬧，並隨即發現盒底還有一張電腦打印的「說明書」，寫着「蘇木染油柑葉木棉絮糭子香包」，內文說「香包選用蘇木染布，是因為傳統的鹼水糭內有一小塊蘇木，令糭心的糯米染成紅色。油柑（餘甘子 myrobalan）葉會引起童年時家裏油柑葉枕頭那種淡淡甘香的回憶。而五六月正值木棉（cotton tree）飄絮，雪白的棉絮飄散遍地。油柑葉中夾雜着一點點棉絮令香包增添一點軟綿綿的感覺」。

「說明書」又列出製作程序：先用縫線、夾子、橡皮筋和木棒等紮結已經去漿的白色綿布，另將 300 克蘇木和 3 升水放入不銹鋼煲內，加熱至沸騰後熄火，再加入一小粒明礬作為媒染劑，然後把紮染好的綿布浸清水 15 分鐘後，趁濕移放入蘇木染料內浸染約兩小時，之後改用清水沖洗綿布，拆去結紮物後，再用清水沖洗後晾乾。至於薑黃染色，則是用薑黃粉和明礬，而藍靛染色是用靛泥，加上石灰、酵母、麥芽糖、紅酒等材料，在稍加熱的狀況下發酵，過程比較複雜。

另外，亦介紹了縫製糭子香包的步驟：將蘇木染布剪成長方形，

大叔和他那香艷的香包

蘇木香包的材料

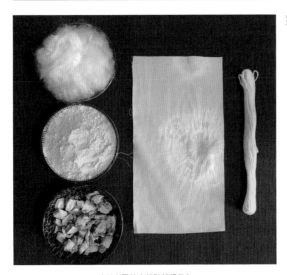

薑黃香包的材料

（以上圖片由趙雅然提供）

然後對摺；縫合兩邊，然後裏反至外，使之成為一個小袋子；將木棉棉絮及油柑葉放滿袋子內，再將袋口垂直方向對摺，縫合後便成為一個三角錐體；最後用線辮成吊繩，加上繩結小珠裝飾，便成為小糉子香包。

趁太座和女兒拿着香包談論，我也打開香料袋檢查，發現內中的香料是沙薑粒、沙薑粉、油柑子葉、薰衣草和薑黃粉。隨着我的鑒定，她倆也嗅着香包核實：「是的，藍色香包是薰衣草，紅色的是油柑子葉，黃色的是沙薑……沙薑味道最強，差不多全掩蓋其他兩包的香氣。」

我穿上衣服，走到直身鏡前，試看香包應該掛在哪個位置。掛在襟前，看似心頭大石；繫於臂上，顯得手瓜欠缺肌肉；纏於腰間，頗為累贅，更有點娘娘腔；綁在帽頂，又覺負擔太重，所以最後決定，全掛在背囊外面。太座說「有這許多個香包，蚊蟲都不敢接近」。女兒亦說「一定百毒不侵！」

背囊上的香包，顏色挺鮮艷的，走在路上，自覺怪怪的，唯有安慰自己，風格由我創，至於路人側目，不外是「花街紅粉女，爭看香包郎」！

登上巴士，看到下層中央對坐的位置上有空位，擠進去才發現對座的是對母子，小孩大概是幼稚園高班或小一的學生。他眼利，立時看見我放在大腿上背囊外掛着的香包，眼睛隨即瞪大，又抬頭看看我，跟着側身靠近母親半害羞地微笑着抬頭，用眼色提示他媽媽看看對面那個大叔和他香艷的香包。他的媽媽也回報了會心的微笑……

我也覺得有點滑稽，忍不住也笑笑，於是他們兩個都笑出來，覺得有趣。

我只好解釋：「端午節的香包，朋友送我的。」

男孩接口問他的媽媽：「是甚麼東西？」

女的回答說：「很久沒見到了，以前小時候，端午節時帶在衣衫

上的香包，説裝着藥材粉末，能夠殺蟲祛邪，但現在不流行了……或許改用了蚊怕水和驅蚊貼吧。」她又轉向我問：「朋友親手做的吧！真有心機！」

男孩聽得有趣，也要求他的媽媽製作一個給他。我把香包全摘下來，讓他挑一個，他的媽媽連忙婉拒，但最後在我堅持下，讓男孩挑選了一個藍色的小香包，並在連聲道謝後分手。

潮流由我創，已經出現第二號香包男。

2019 年 5 月 26 日

六月

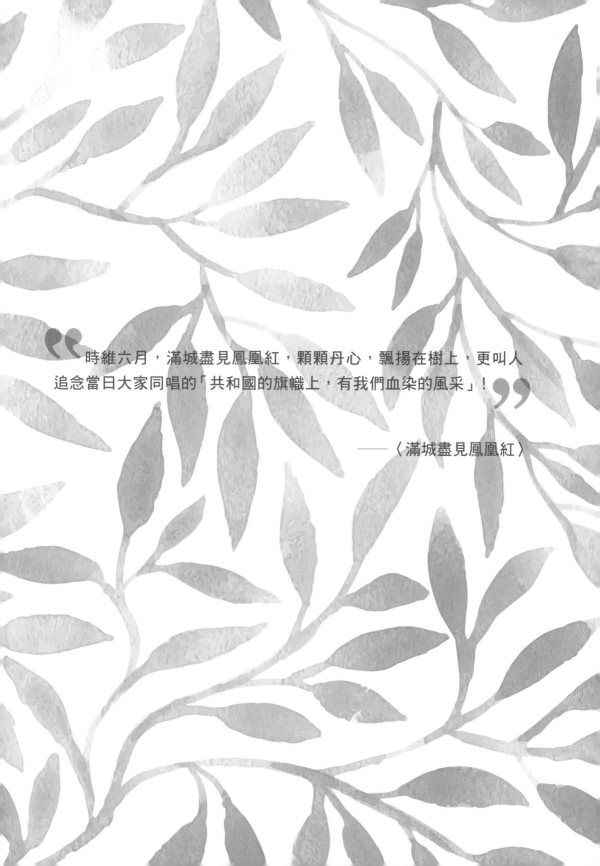

時維六月，滿城盡見鳳凰紅，顆顆丹心，飄揚在樹上，更叫人追念當日大家同唱的「共和國的旗幟上，有我們血染的風采」！

——〈滿城盡見鳳凰紅〉

滿城盡見鳳凰紅

敢愛、敢恨！

愛得一往情深、義無反顧、轟轟烈烈；愛得血脈沸騰、引人矚目、一樹燒紅，「紅得不可收拾，一蓬蓬一蓬蓬的……窩在參天大樹上，壁栗剝落燃燒着，一路燒過去，把那紫藍的天也熏紅了……」、「火紅激烈，非常的淒豔」、「爆炸性的震盪感，毫無委曲……那種盛況那種燦爛，這種顏色這種數量……死而無憾」。

但公主脾氣相當大，恨的時候，撒手不管、一走了之、不帶走一片雲彩；激情過後，將情書撕碎、舊照剪斷、「秋天時轉黃，如下雨般撒落」，沒任何眷戀！

這就是鳳凰木（*Delonix regia*）、紅花楹……「英國人叫它『野火花』，廣東人叫它『影樹』」。它是豆科蘇木亞科的植物，原產馬達加斯加。其花如鳳之冠，其葉如凰之羽，樹高可達 20 米，枝條呈傘形展開，樹冠寬闊可達 25 米；葉為二回偶數羽狀複葉、長 20 至 60 厘米，托葉羽狀，小葉片 25 對、長 4 至 8 毫米，葉基鈍歪、無柄。在樹下往上望，像躲在鳳凰翅下，「一陣風過，那輕纖的黑色剪影零零落落顫動着，耳邊恍惚聽見一串小小的音符，不成腔，像簷前鐵馬的叮噹」。在秋冬掉落，像「疲倦的眼淚，是否傷心就不得而知……」花成簇生長，花萼內側也呈紅色，花瓣 5 枚，分離，匙形，瓣柄細長，鮮紅色帶有暈黃，旗瓣有白色斑塊和紅色斑點，引導雀鳥和蜜蜂前來採蜜。那鮮紅的瓣兒，是血液拼出來的，「猛然抬首的當兒，發現每棵樹上竟都聚攢着千千萬萬片的花瓣，在月下閃着璀璨的光與色，這種氣派決不是人間的！」雄蕊 10 枚，基部連合，有細長花絲，花藥紅色。莢果帶形，扁平，長 30 至 60 厘米；種子 20 至 40 顆，長橢圓形、泥黃色與褐色混雜、長 15 至 20 毫米，有毒。鳳凰木生長快速，夏初時花團錦簇，炎夏時枝葉繁茂，展開如羅傘，為遊人遮蔭，是理想的園藝樹種，但秋冬落葉繁多，需頻頻打掃，它也不能抵受強風，不宜在山坡上單獨種植。

陸佑堂的鳳凰木（圖片提供：陳君婷）

　　它那初夏的瘋狂、炎夏的溫柔和秋冬的冷漠性格，令人難以捉摸，使人既愛又恨，「帶來的感慨，不知是幸抑是不幸」。愛它的，連住所都要求「是一間臨海的兩層樓，房子門外要有影樹，自寬大的露台探身望，恰好觀賞到樹頂的紅花……」甚至為它發出無聲的抗議，說「在我住的近旁，本來有一棵高大的影樹，每逢夏初開花的時候，乘船從海中望上來，遠遠的也能望見樹頂上的那一片紅花。我坐在窗前，落花有時會從半空一直飛墮到我的案上。去年那塊空地為要建新屋，這棵大影樹便被人七手八腳的鋸倒了。連帶我至今對那一帶新屋也沒有好感」。恨它的，恨它總是在驪歌高唱的季節綻放，加深了離別的愁緒。

　　自東北南來、在香港寫了幾部重要作品的才女蕭紅，她的著作未見提及影樹，但蕭紅的墓葬故事則複雜、懸疑。她於 1942 年在法國醫院設在聖士提反女校的臨時救護站病逝，被葬於淺水灣麗都花園附近的影樹下。到 1975 年需要遷墓，但蕭紅的墓碑已經丟失，幾經辛苦，才掘出她的骨灰瓦罐，送交給她丈夫端木蕻良，好移放在廣州銀河公墓；但他把一半骨灰埋在聖士提反女校花園中一棵小

鳳凰木下。半個世紀以後，長大的影樹在風雨中倒塌。後來端木再婚，死後他的遺孀「帶着丈夫一半的骨灰，千里迢迢來到香港，將之撒在這樹的四周，讓兩個相愛的靈魂重聚」。坊間有許多疑惑，不解因何兩處地方，都選在影樹之下？我大膽推測，蕭紅在廣州話中不就是「燒紅」嗎？相信她和丈夫及朋友，一定以此説笑，甚至希望浴火之後，鳳凰重生！

今年年初經過反覆的低溫，到五月上旬，全港的鳳凰木盛開，滿城熱鬧談論，爭相拍照到網上瘋傳，連龍應台在臉書上都傳送港大陸佑堂旁邊的鳳凰木照片。根據廈門市一項調查顯示，鳳凰木開花與氣溫升高、日照時數增加呈反比（負相關），與降雨量的變化關係不明顯；在低溫春化月份較長，開花前日照時數較少的年份，開花更盛。最近傳媒的注意力，集中在大埔、維園、窩打老道、田心邨等地，但很可惜，沒有報道淺水灣的情況，那裏是張愛玲、亦舒、葉靈鳳、孫愛玲，甚至蕭紅的鳳凰聖地。到網上找到昔日淺水灣沙灘和酒店的舊照片，鳳凰木燒紅半邊天。由於我身在外地，唯有請內子也「到一趟淺水灣酒店（舊址），就在范柳原和白流蘇下車的地點徘徊，車道兩旁蔥蔥憂鬱的影樹，左右各十來棵，有老樹，也夾有新株，疏疏密密都開了花……這是張愛玲看到的影樹」。

現時淺水灣酒店舊址的鳳凰木（圖片提供：譚碧芝）

　　看着內子送來的照片，令我想起龍應台的《啊！紅色！》，以及
孟祥森的《血，也是紅的》。如果新聞報道沒有偏差的話，台中一位
女議員發現中港路兩旁的行道樹開的都是黃花，於是趕回議府，抗
議説「偌大一條路都開黃花，還成甚麼話，我們台中市豈不成了『黃
色都市』了，因此建議市長把那些樹統統砍掉，另種別樹……當然
也不能開紅花，否則，不是黃城就是紅城，那還得了！」

　　時維六月，滿城盡見鳳凰紅，顆顆丹心，飄揚在樹上，更叫人追
念當日大家同唱的「共和國的旗幟上，有我們血染的風采」！

註：文中有引號而未有註明出處的句子引自張愛玲的《傾城之戀》、亦舒的《影
　　樹》和《愛情之死》、葉靈鳳的《四月的花與鳥》、張曉風的《回到家裏》、劉偉成
　　的《影樹婆娑的命途》，以及孫愛玲的《追看影樹開花》。

2016 年 6 月 5 日

七夕

> 夜空的滿天星斗和眾多的星宿，總給人無限的遐想，而銀河兩側明亮的牛郎星和織女星更惹出七夕的神話。

——〈七夕的狂想〉

七夕的狂想

　　立秋過後，不到幾天便是農曆 7 月 7 日，第一個登場的節日是七夕，又稱乞巧節和七姐誕，那是牛郎織女鵲橋相會的神話故事。歷來多少騷人墨客，為這節日留下許多纏綿哀怨、令人蕩氣迴腸的文章與詩詞。看來也得隨俗，為大家介紹介紹，但下筆時猛然醒覺，自己一直沒認真看過銀河。

　　年輕時當童軍，主要學習的是能分辨方向的星座，若曾觀察銀河，印象就相當模糊；其後偶爾在野外觀星，集中眼力追蹤的還是個別的星座，就算看見朦朧的一道若斷若續、暗灰白色的雲帶，橫跨夜空，也覺得沒甚麼看頭，更遑論挑起浪漫的情懷。如今控制不了歲月神偷，視力不比當年，再努力也恐防難以指出銀河的位置。在不願暴露弱點的情況下，只有借用藉口說「人眼目視能見最暗的星光在天空中的相對亮度（視星等 apparent magnitude）大約為 6 等，而銀河的平均亮度約為 5.5 等，換句話說，人眼其實只是勉強可以看得見銀河。在幽暗的環境中，眼睛的瞳孔會放大，讓更多光線進入眼睛，銀河才顯得較為清楚，但只要有輕微光害，要目視銀河就變得困難」。

　　網上的資料說，「理論上銀河一年四季都存在，不過由於太陽系於銀河系的位置，以及地球自轉和公轉的影響，基本上就只有夏季（南半球則為冬季）的銀河最適合肉眼觀測」。這也間接解釋了為何七夕是在立秋期間。

　　若要更深入感受銀河的絢麗和燦爛，大可翻看網上的圖片和影片。在光害較低的環境，通過大光圈，適當的 ISO 和長時間曝光，照相機能有效地捕捉到橫空出世的光雲和星星，把銀河變得耀眼，雖然說不上漂亮奪目，但卻非常突出，叫人懷疑是誰割破了穹蒼，又保留下星塵碎片，使銀河掩飾得半明不暗，大大增加了神秘感，讓人覺得疑幻疑真。

夜空上的銀河（圖片提供：袁達成）

　　網上的資料還說，夏夜在銀河兩側更可以看見天鷹座的牛郎星和天琴座的織女星，只要再找到天鵝座的天津四，這三星合組成的夏季大三角便能明確顯示銀河的位置。另外憑着人馬座的茶壺嘴和天蠍座的尾鉤，亦有助準確判斷銀河的方位。

　　夜空的滿天星斗和眾多的星宿，總給人無限的遐想，而銀河兩側明亮的牛郎星和織女星更惹出七夕的神話。較早的版本說牛郎仙和織女仙婚後懶惰，氣得王母娘娘用銀釵劃出一道銀河，把兩口子分隔在兩岸，終生不得相見。這版本顯得殘忍；古人就像看電視劇集的觀眾一樣，要求把結局變得圓滿，所以現存的版本就說七仙女偷偷下凡，嫁給牛郎，還誕下兩個孩兒，但這段男耕女織的完美愛情，未被天庭認可，因此以銀河將他們分開，幸得喜鵲相助，每年七夕，能借助許多喜鵲以身搭建的鵲橋，讓牛郎挑着兩個孩子，橫越銀河，與織女金風玉露一相逢，稍解相思之苦。

　　小時候，七夕是個重要的節日，家家還會慶祝，有機會吃點特色食品，簡單的如花生、瓜子、荸薺、菱角和大菜糕；至於刻意的

會加上七式鮮果、七式糕點和七色鮮花。女生們更有多種乞巧的活動，包括徒手穿針、樹液洗髮、花液塗甲、乞賜良緣、燒獻七姐衣紙盤等，而最令我記得的是預早泡浸穀粒，讓之發芽生長成七姐秧。

但隨着民風改變，在香港，除了少數幾間寺廟舉行七姐誕活動之外，七夕完全是七「寂」，無人過問。相反地，台灣各處社區多有舉行觀星和七夕文娛晚會，廟觀每見舉行廟會，而商場和餐館則以情人節名義大事促銷。日本改奉陽曆後，也於陽曆 7 月 7 日慶祝七夕，平塚市就於當天舉行七夕祭，而仙台市則於每年的 8 月 6 日至 8 日舉行大規模的仙台七夕祭，慶祝期間，市內街道、商場和神社，都掛上色彩繽紛的七夕裝飾，高掛燦爛奪目的彩紙風旛，其頂部是個圓球，球下垂掛着以千羽鶴編織成的彩帶，傍晚時又舉行七夕遊行，抬運神轎、鼓笛喧天，近年更加插花火大會燃放煙花，節目豐富，別有情趣。京都市亦不遑多讓，在陽曆 7 月 6 日的晚間，將心中所想要祈求的願望，寫在紙片並掛在竹枝上，然後在 7 日這天放入河中，讓流水帶走，象徵願望會被神明帶去，後來慢慢演變成在神社中焚化；另外在每年 8 月初，堀川會場用無數的 LED 燈光鋪列成「光之銀河」，湧現出牛郎織女摸黑渡河的夢幻情景，而鴨川河畔則沿着河邊放置約一米高的風鈴燈，展現出傳統的韻味。

至於內地，除了近年以情人節推動的商業行為外，湖北孝感市有《天仙配》的董永故里，十堰市鄖西縣有天河風景區，傳說是牛郎織女相會處的這些地方都舉行特色活動，包括七夕節愛情馬拉松長跑。

見我身在外地，舊生幫忙收集七姐衣紙盤，其中包括不倫不類的紙衣服，而七姐盤上則畫有高跟鞋、金銀首飾等。既然牛郎織女相隔兩岸，「河漢清且淺，相去復幾許。盈盈一水間，脈脈不得語。」倒不如在七姐盤上畫上智能手機和 SIM 卡，方便兩口子密密訴相思，又在挑選鮮果和糕點時，考慮舒緩憂鬱的品種……

2018 年 8 月 19 日

七姐盤、（左下）全套連衣物的七姐盤
（圖片提供：劉雪霏）

桌上前排的七姐秧和七式糕點
（圖片提供：畢培曦）

盂蘭節

　　中國人的祖先用這樣的故事告訴後代：「可以輸，但不能屈服！」中國人聽着這樣的神話故事長大，勇於抗爭的精神已經成為遺傳基因，他們自己意識不到，但會像祖先一樣堅強。

——〈人力勝天〉

人力勝天

踏入農曆七月，難免鬼話連篇。在民間傳統信仰中，整個七月鬼門關大開，容讓亡魂餓鬼到陽間探親和領取施孤（給孤魂的施捨）。相信讀者百無禁忌，見怪不怪。

漢代民間於農曆 7 月 15 日慶賀初秋豐收，酬謝大地，感恩祭祖，發展為中元節。到佛教傳入，亦把盂蘭盆（Ullambana）的活動帶到中土，那是佛教布施（賙濟），用百味五果供奉僧侶，以求合眾僧力量超渡先人。而道教更把這天定為管轄地府亡魂的地官寶誕，是地官大帝赦罪的日子。這三個節日加上民間信仰，逐漸融合為今天的盂蘭節。近年香港的潮籍人士再將之包裝為香港潮人盂蘭勝會，並推廣為國家級非物質文化遺產活動。

小時候住在中環的卅間，每年農曆 7 月盂蘭節期間，總見有紙紮的鬼王大士，豎立在鴨巴甸街和士丹頓街交界的街角；其身形高大魁梧，有兩三層樓高，而且面目猙獰，好不嚇人。期間，鬼王旁邊的道場誦經燒衣，相當頻密。到 7 月 14 日的晚上，許多店舖提早關門，熄滅燈光，路上變得昏暗，餘下掩映搖曳的拜祭燭光和燒衣爐冒出的烈焰，令人倍覺陰森；團團刺眼的白煙與片片撲鼻的飛灰，飄浮在空氣中，使人感到窒息。入夜後，民眾陸續燒街衣，將葷素祭品擺放路旁，然後焚香燒衣，並將米飯、芽菜、豆腐、龍眼，連同斗零或一毫硬幣，一起撒到街上，算是施孤，讓孤魂野鬼飽餐一頓，同時賄賂牛頭馬面等陰曹城保，免得它們干擾遊魂取食，但往往引來街童爭相拾取硬幣。據舊日報章報道，個別頑童還會揶揄説「燒衣唔撒錢，生仔駄鎖鏈！」相對西方萬聖節的「Trick or Treat！」實在不遑多讓。至於施孤選用豆腐，總有自圓其説的理據，不過廣府人亦明白只可看穿，無須説穿，免得「呃鬼食豆腐」。

在其他規模較大的社區，盂蘭勝會多見搭建竹棚，舉行念經作法超渡亡魂，又加插神功戲，説是娛神娛人；鬼王、燒衣、照顧孤魂和附薦，必不可少，還有面對戲棚、為祈福許願的天地父母棚（神

盂蘭勝會供奉鬼王的齋菜、紅豆餡餅、甜糕、福餅塔、米飯和大福桃

盂蘭勝會施孤的米飯、齋菜、五果、大包、花生糖、米酒和甜糕

（以上圖片由沈思提供）

棚）。最吸引我的是壇上和棚內擺設的貢品，除了齋菜之外，聽説還要齊備五牲、五果和五穀，才是合格的祭品。在近百餘個盂蘭組織中，有些會擺放新鮮肉類，亦有只採用齋五牲，把花生糖製成雞、鴨、魚、蝦、豬等形狀，但手藝水平一般，製品樣子比較呆笨。五果採用的都是容易擺放的時令鮮果，而龍眼似乎是施孤的必需品。五穀則只見有白米和米飯，甚至黑芝麻和麵粉做的包點，其他穀類並不顯眼。最特別的是潮式的麵粉包點和水果形貢品，其中包括福包塔、大福桃、糖獅塔、棋子餅塔、通菜塔，以及潮式的食物如花生糖、綠荳餅、發粿、孤蕾粿、五色飯山、荳仁團等，其製作工藝已於 2014 年納入首份香港非物質文化遺產清單。

説到這裏，要進一步了解盂蘭盆的底蘊，就必須提及「目連救母」，其緣起是佛陀十大弟子之一的目犍連（Maudgalyayana），他發現生母被判罰在陰間受苦，當食物送到口邊時，就被烈焰化為灰燼，於是求告佛陀。佛陀建議他於 7 月 15 日，「具飯百味五果，汲灌盆器，香油錠燭，床敷臥具，盡世甘美以著盆中，供養十方大德眾僧」。這樣憑着高僧的集體力量，目連的母親最終得以脱離餓鬼之苦。同一個故事來到華夏，就演變出另一版本，故事的主角獲地藏王賜贈錫杖一根，芒鞋一雙。「這錫杖上指天文，斗轉星移。下敲地獄，鎖落門開。芒鞋穿起，飛身駕霧。進入九重地府」。結果目連深入地府，以錫杖破開鬼門關救出母親，但在破門時，讓其他亡魂逃上陽間。這個版本，着重個人的努力，最終排除萬難，取得完美結局。

近期網上瘋傳，説有哈佛大學教授依據中國神話，講解「中國人自己都不知道的一個民族特徵，卻讓他們屹立至今」，説明華人不畏艱難，與自然界搏鬥的習性，與神話有關，雖然網民發現所謂哈佛教授，純屬虛構，而這觀點亦以偏蓋全，但不妨拿來補補阿 Q 精神。

這虛構的教授説：「我們的神話裏，火是上帝賜予的；希臘神話裏，火是普羅米修士偷來的；而在中國的神話裏，火是他們鑽木取火，堅韌不拔摩擦出來的！這就是區別，他們用這樣的故事告誡後代，與自然作鬥爭……面對末日洪水，我們在諾亞方舟裏躲避，但

中國人的神話裏，他們的祖先（大禹治水）戰勝了洪水，看吧，仍然是鬥爭，與災難作鬥爭！……假如有一座山擋在你的門前，你是選擇搬家還是挖隧道？顯而易見，搬家是最好的選擇。然而在中國的故事（愚公移山）裏，他們卻把山搬開了……每個國家都有太陽神的傳說，只有中國人的神話裏有敢於挑戰太陽神的故事，夸父因為太陽太熱，就去追太陽，想要把太陽摘下來，最後累死了，但在中國的神話裏，被當做英雄來傳頌，因為他敢於和看起來難以戰勝的力量作鬥爭……在另一個故事裏，后羿射日，終於把多餘的九個太陽射下來了……精衛填海的故事說一個女孩被大海淹死了，她化作一隻鳥復活，誓要把海填平，這就是抗爭！中國人的祖先用這樣的故事告訴後代：『可以輸，但不能屈服！』中國人聽着這樣的神話故事長大，勇於抗爭的精神已經成為遺傳基因，他們自己意識不到，但會像祖先一樣堅強。」

聽聽這樣的神話，使秋天變得舒暢。

2018 年 8 月 26 日

重光紀念日

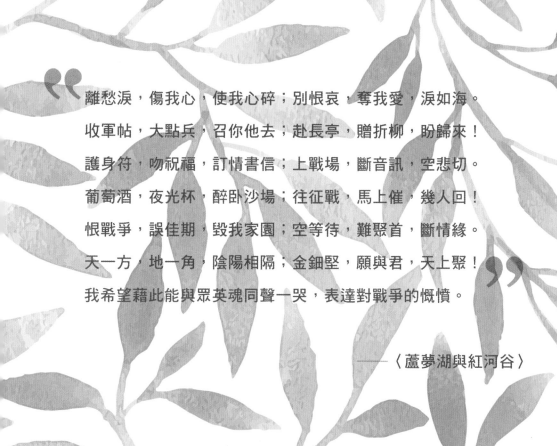

離愁淚，傷我心，使我心碎；別恨哀，奪我愛，淚如海。

收軍帖，大點兵，召你他去；赴長亭，贈折柳，盼歸來！

護身符，吻祝福，訂情書信；上戰場，斷音訊，空悲切。

葡萄酒，夜光杯，醉臥沙場；往征戰，馬上催，幾人回！

恨戰爭，誤佳期，毀我家園；空等待，難聚首，斷情緣。

天一方，地一角，陰陽相隔；金鈿堅，願與君，天上聚！

我希望藉此能與眾英魂同聲一哭，表達對戰爭的慨憤。

——〈蘆夢湖與紅河谷〉

蘆夢湖與紅河谷

　　趁天氣稍稍轉晴，我再次來到西灣國殤紀念墳場。這次我有備而來，帶同兩首從網上下載的歌曲，一首是蘇格蘭民歌《蘆夢湖》（*Loch Lomond*），另一首是加拿大民歌《紅河谷》（*Red River Valley*）。

　　上次來這墳場，是應香港軍事服務團（HKMSC）的網上邀請，參加香港重光紀念日 73 周年的悼念活動，以紀念當年抗日為港捐軀的士兵和盟軍勝利讓香港脫離日本佔領三年零八個月的苦難日子。當日出席的除了有香港軍事服務團和退役軍人的香港樂善會成員之外，還有英國、加拿大、澳洲、美國、法國、新加坡、印度和尼泊爾領事館的代表，以及百多名市民。悼念儀式簡單而莊嚴，開始時，由香港童軍的蘇格蘭風笛隊吹奏進場，並進駐場中紀念大石（Stone of Remembrance）台階的四個角落，跟着祈禱、獻花和致詞；期間牧師宣讀賓揚（Laurence Binyon）在《致倒下的戰士》（*For the Fallen*）中的詩句：「They shall grow not old, as we that are left grow old: Age shall not weary them nor the years condemn. At the going down of the sun and in the morning We will remember them.」香港軍事服務團的主席亦宣讀埃德蒙斯（John Edmonds）寫的墓誌銘：「When you go home/ tell them of us and say/ For your tomorrow we gave our today」。儀式結束，待風笛隊離場之後，我隨其他市民一起到紀念大石前獻上大會預備的康乃馨。

　　英國駐港澳副總領事致詞時，音響欠佳，她說了甚麼，我沒有認真聆聽，只是望着紀念大石上的碑文：「THEIR NAME LIVETH FOR EVERMORE」。我聯想到墳場內許多無名軍人的墓碑，正中刻有十字架，其上下分別寫着「A soldier of the 1939-1945 War」和「Known unto God」，所以奇怪石碑上的「Name」為何沒用眾數，於是偷偷用手機上網翻查，才知道那是諾貝爾獎詩人吉百齡（Rudyard Kipling）挑選的詞句，原文來自天主教舊約聖經的《德訓篇》：「他們

的遺體必被人安葬,名譽必留於永世」,所以這碑文指的不是個別或眾多陣亡戰士的名字,而是「名垂千古」。由於要趕乘下山的巴士,當天未有仔細參觀,留下再訪的伏線。

重訪這天,由柴灣地鐵站前往赤柱的小巴,用低檔爬上陡斜的哥連臣角道,在西灣國殤紀念墳場的入口處把我放下。這個墳場依山而建,長若 200 米,寬若 50 米,輪廓像支帶短柄的板球拍。墳場附近的山頭就是昔日浴血的戰場和陣地。在 1946 年闢建墳場時,柴灣還未填海造地,山下亦沒有高樓大廈,軍墳可以俯瞰小西灣(馬

西灣國殤墳場墓碑

西灣國殤紀念墳場紀念大石(以上圖片由畢培曦提供)

塘）全景，遠眺鯉魚門一帶。眾多的亡魂相信沒法忘記，1941年12月18日晚上，日寇從官塘仔和油塘一帶，橫越維港和鯉魚門海峽，在北角、寶馬角、太古、馬塘等地登陸，並攻陷西灣碉堡和砲台，屠殺守軍和戰俘。隨後的七天，香港的守軍傷亡慘重，但仍奮力頑抗，直到12月25日港督和守軍投降，由是香港淪陷，經歷三年零八個月慘無人道的歲月。

入口是墳場的海拔最高點，以一道高聳的西灣國殤紀念長亭橫跨左右，向外一面分成左、中、右三面石牆，分間出兩道入口；中間的那面牆，近頂端鑄有「SAI WAN WAR CEMETERY」四個大字，中央鑲嵌着一把尖鋒向下的十字架形歐式銅長劍（longsword），劍的左右分別嵌着「1939」和「1945」的數字，標誌着第二次世界大戰的年份。長亭另一面開放，只有四根石柱；亭內壁上和柱上刻有在香港保衛戰中，戰死沙場和於戰俘營殉難的英魂名字，另有一塊不鏽鋼牌，講解香港保衛戰的經過和殉難者統計數字。

通過長亭，進入軍墳，四野無人，立時感到脫俗與寧靜，以及令人敬服的氣魄與胸襟。長亭對開是紀念大石，左右兩旁平排着一行行的墓碑。墓碑整齊排列，全部選用同一尺寸的石材，上面一般附有墓主的名字，隸屬的軍旅、軍旅的徽章、軍階，陣亡日期和年歲，而加拿大士兵墓碑則統一刻有楓葉。紀念大石後面是通往較低地段的石級，兩旁排列的是英軍的軍墳。在墳場最低地段是平地，中央豎立着一座犧牲十架（Cross of Sacrifice），十架上鑲有一把十字長劍；圍着犧牲十架前面的是加拿大士兵的墳墓，較近墳場末端的是印度士兵的墳墓。據云還有從印尼搬來安葬的荷蘭士兵墳墓，但我沒有見到。

墓地綠草如茵，修剪整齊；墓碑與墓碑之間，種有矮小的草本或灌木，常見的包括射干（*Iris chinensis*）、黃蟬（*Allamanda schottii*）、變葉木（*Codiaeum variegatum*）等。在墓地有兩行草地，分別種有四株和兩株荷花玉蘭（*Magnolia grandiflora*），而在墳場末端印度士兵墳墓後面，則種有一排夾竹桃（*Nerium*

荷花玉蘭（圖片提供：古森本）

夾竹桃（圖片提供：劉惠貞）

oleander），這兩種植物可以長得高大茂盛，但在這裏都經刻意修剪，沒讓之變得過份豐滿，估計是避免影響從高段往低段而望的景觀。

我看着墓碑上登記的年歲，大多是二十歲的年輕人，他們本應有光輝的歲月，精彩的人生，卻因猖狂、殘酷的日本軍閥，被迫英年早逝，長眠於斯，導致幾許家破人亡、夫離子散，令人髮指、悲痛、惋惜。

我走到英軍的墓區，靜悄悄地輕聲播出《蘆夢湖》，幽怨淒美的旋律唱出「By yon bonnie banks and by yon bonnie braes, Where the sun shines bright on Loch Lomond, Where me and my true love will never meet again, On the bonnie, bonnie banks of Loch Lomond. O you'll take the high road, and I'll take the low road, And I'll be in Scotland afore ye…」蘇格蘭人相信精靈會經地底的通道將亡魂帶返蘇格蘭的家鄉，我誠願這許多年輕人，能夠走陰曹路（low road）重返故里。

我又走訪加拿大墓區，找到二等兵昃臣（Ray Jackson）的墳墓，他是個孤兒，養父母在多倫多務農，並且育有比他大 18 歲的女兒，他被徵召入伍，於 1941 年 11 月 16 日抵達香港，隨即在 12 月 8 日面對日本軍閥的進攻，但不幸在 12 月 23 日戰死於馬坑山，陣亡時 21 歲。很明顯，他心有不甘，長使英雄淚滿襟，他也懷念多倫多的家人，他忍耐了 70 年，直到有人在馬坑山，用金屬探測器找到刻有他名字和士兵編號的手錶，終於送還給家人。我播出「紅河谷」，雖然歌詞同樣哀嘆別離，但聽起來味道太淡，所以即興賦詞，並在他墓旁調用紅河谷，唱出：

「離愁淚，傷我心，使我心碎；別恨哀，奪我愛，淚如海。

收軍帖，大點兵，召你他去；赴長亭，贈折柳，盼歸來！

護身符，吻祝福，訂情書信；上戰場，斷音訊，空悲切。

葡萄酒，夜光杯，醉臥沙場；往征戰，馬上催，幾人回！

恨戰爭，誤佳期，毀我家園；空等待，難聚首，斷情緣。

天一方，地一角，陰陽相隔；金鈿堅，願與君，天上聚！」

我希望藉此能與眾英魂同聲一哭，表達對戰爭的慨憤。

2018 年 9 月 9 日

瘋亂的楓

加拿大的國旗上展示着一片紅色帶 11 個尖齒的楓葉，其圖案的藍本，是楓樹科（Aceraceae）的楓樹（maple）。加拿大的國花，亦同樣是一片紅色的楓葉，相傳是生產楓糖漿（maple syrup）的糖楓（糖槭 *Acer saccharinum*）的葉片。在二次大戰時，加拿大的國旗曾經在香港的戰場上飄揚，加拿大的子弟兵亦曾為保衛香港而奮勇抗日，不少還壯烈犧牲、長眠於斯。

從地鐵太子站前的彌敦道，往北走一個街口，就到達彌敦道的盡頭，順路再往前走便是長沙灣道，橫走分隔這兩條街道的是界限街，那是 1860 年清廷被迫簽署《北京條約》而將九龍割讓給英國的界線，所以跨過這十字路口，踏上長沙灣道便是 1898 年《展拓香港界址專條》租借給英國的新界土地。到 1937 年香港政府將界限街以北至獅子山以南原屬新界的平坦土地，劃為「新九龍」作市區用地發展，所以深水埗和荔枝角等地區全歸入九龍市區。

沿着長沙灣道往前走，立即碰上橫走的白楊街（Poplar Street）、楓樹街（Maple Street）和黃竹街（Wong Chuk Street），但在這些街道蹓躂時，沒看到與街名有相關的樹木，只在楓樹街公園見到大戟科（Euphorbiaceae）的秋楓（*Bischofia javanica*）；秋楓也叫 Autumn maple，但它不能冒充楓樹科的楓樹。

在長沙灣道繼續往前走，不到幾個街口，就來到欽州街，馬路對面是長沙灣政府合署，漁農自然護理署的香港植物標本室就在那裏。在欽州街向東走兩個街口到福榮街，拐彎往北穿過營盤街到東京街，轉左走到通州街，然後再轉左回到欽州街，這樣就巡視了一遍昔日的深水埗英軍軍營。這個軍營建於 1927 年，當時通州街仍為海旁。

二次大戰時，加拿大從溫尼伯和魁北克兩個城市，差派 1,975 名士兵來港支援抗日；這批士兵並無實戰經驗，但在 1941 年年底

抵埗後不久，即在 12 月 8 日開始被日軍圍攻。直至英軍在聖誕日投降時，已有 290 名加拿大士兵殉難陣亡；隨後的三年零八個月香港淪陷時期，加拿大戰俘全被扣押在深水埗集中營內，期間 264 名死亡，加上近 500 名傷兵，加拿大兵團實在為香港鞠躬盡瘁，傷亡率超過百分之五十。1945 年日本投降後，深水埗戰俘營恢復為英軍軍營，到 1977 年軍方將深水埗軍營交還港府，才陸續改建為麗閣邨、怡閣苑和深水埗公園，又在 70 年代將部分土地闢作越南難民營，到 1989 年港府才關閉深水埗難民營，並在該址興建麗安邨、怡靖苑等屋苑。如今這裏一片祥和，沒留下昔日傷痛的痕跡。

從欽州街和荔枝角道交叉口的深水埗警署，橫過荔枝角道，再沿荔枝角道向北走不遠，便是深水埗公園，公園的入口還保留了三根「軍部石界」的方柱，在對開的巴士站等車的小孩多把它們當椅子休息。

公園內的西北角，靠近泳池的旁邊，有片草地，正中有一個朝西的紀念石碑，是香港戰俘聯會（The Hong Kong Prisoners of War Association）於 1989 年豎立的，以紀念為香港作戰及在戰俘營中受苦而犧牲的人士。另外加拿大駐港退伍軍人協會（Hong Kong

秋楓（圖片提供：畢培曦）

Veterans Association of Canada）則於 1991 年在草地向南的位置種植了兩株楓樹和安放了一塊朝南的鋼匾，以紀念於 1941 至 1945 年在戰俘營內備受折磨而殉難的加拿大軍人。這兩株楓樹如今約有 10 米高，生長得相當茂盛。圍着草地生長的還有雞蛋花（*Plumeria rubra*）、木麻黃（*Casuarina equisetifolia*）、樟樹（*Cinnamomum camphora*）和串錢柳（*Callistemon viminalis*），另外又種有杜鵑（*Rhododendron*）、艷山薑（*Alpinia zerumbet*）和假連翹（*Duranta erecta*）。

這片草地，於每年加拿大國慶都有加拿大領事館及外籍人士前來憑弔。但走近前看，這兩株都不是楓樹，而是阿丁楓科（Altingiaceae）的楓香（*Liquidambar formosana*）。

事實上民間對楓樹的概念相當混亂，唐朝的張繼寫了一首膾炙人口的〈楓橋夜泊〉：「月落烏啼霜滿天，江楓漁火對愁眠。姑蘇城外寒山寺，夜半鐘聲到客船。」但對江楓，歷來多有爭論，有說指的是「江橋」和「楓橋」兩座橋的名稱，亦有說當時的植物是大戟科的烏桕樹（*Triadica sebifera*，亦即 *Sapium sebiferum*）。另外由於日本學者將 *Acer* 訂為槭樹，中國的專家亦照樣把這個屬的品種稱為槭，直到最近英文版的《中國植物誌》（*Flora of China*）才全面改為楓樹，但科的中文名字卻保留為槭樹科，至於《香港植物誌》則仍採用槭樹科和槭樹的中文名字。這樣的混亂，短期內勢將持續。民間的張冠李戴，恐怕亦不易處理。

2015 年 7 月 5 日

深水埗公園軍人紀念碑
及左右兩株楓香
（圖片提供：畢培曦）

三角楓（三角槭）
（圖片提供：張保華）

濱海楓（濱海槭）
的果實
（圖片提供：張保華）

中秋節

……修讀過植物學這門課，以後就成為「植物人」，任何牽涉植物的命題、故事和吃喝玩樂，都是我們的分內事！

——〈月餅廣告的教訓（上）〉

月餅廣告的教訓（上）

上星期下課前已經宣佈，助教之後又在網上提醒：今天上課時會請吃月餅，提早跟學生一起慶祝中秋。

還未踏進講堂，在走廊上就聽到學生談笑的聲浪；到推門進去，他們笑着拍手歡迎。環顧堂內，坐無虛席，平時那幾張空置的座椅亦被聞風而至的學生佔據，説是前來旁聽。

我站上講壇，放映出今天講課的題目：「Plant Biology Lecture: Lessons from a moon cake commercial」，堂內登時舉座嘩然，有學生放聲説：「教授真會抽水！」

我在學期開始時指出，修讀過植物學這門課，以後就成為「植物人」，任何牽涉植物的命題、故事和吃喝玩樂，都是我們的分內事！在生活中、在工作上，每次談到與植物相關的題材時，我們修讀植物學的，應該都有發言權！但，當然在發言前，我們必須趕快做功課，查清楚植物的名稱和科屬關係、其習性和用途，以及背後的文化意義。

近期一家老字號餅店，先後推出兩款平面月餅廣告和一段長30秒的電視月餅廣告片，結果引發全城議論，網上社交群組頻頻洗版，報刊雜誌爭相報道，説廣告採用了不當的植物、表達的手法和意境有不吉利的含意、設計有欠仔細、製作流於粗疏，甚至有抄襲的嫌疑。就着這話題，我相信可以引導學生，墜入植物樂趣的深淵，而且有機會介紹分析和解決問題的思路及方法。

我在堂上首先播放那電視月餅廣告片，並要求學生記錄其中出現的各種植物。説真的，影片拍得不錯，一開始就出現圓月掛半空，旁邊佔一半畫面的是在柔風中搖曳的垂掛柳絲，枝上還站着一隻螳螂，增添了生趣。跟着鏡頭轉到雅室內，有兩位穿着素白輕紗直裙、短袖或半袖的妙齡女子，手捧着有蓋的茶杯，面對面側向屈膝席地而坐，笑着齊唱「歌聲飄到秋月上」，兩人中間還放了一張明

式仿古茶几，几上有一高腳碟，碟上擺着應節茶點。隨即出現憑倚在八角形窗框內、穿着無袖素白直裙的妙齡女子，一邊搖着圓扇，一邊唱「月兒倒在湖船中」，身旁伴着一只寬口高身青花花瓶，其上插着數枝蓮蓬。接着插入圓月高照的荷花湖，湖上泛着小船，船頭站着穿淺棕色洋裝、手持米色黑絲帶洋帽的男子，船上還坐着一個穿白色短身旗袍的女孩，當小船慢慢向前移動時，男子稍稍欠身向觀眾施禮，而女孩則輕輕揮手，並且在水面放下白色紙船，驚動水中的游魚和低飛的蜻蜓，歌聲同時唱出「啊，想起你！」畫面回到大廳，兩女站着，另一女子倚着八角形窗框，同唱「啊，想見你！」廳外有株喬木，枝上綻放基部粉紅色的白色花朵，未見葉片，當鏡頭移前集中在站着的兩女時，可見穿半袖的那位手持從喬木上折下的花枝，而從喬木飄下的花瓣下墜時速度比較慢，顯示花瓣比較薄。畫面再分拆成兩半，左半邊有一女站着奉茶，另一女坐在石上彈箏，其身旁為同樣有花無葉的喬木，而左下角有一黑一白兩隻兔子；右半邊有一男一女，正在下國際象棋。跟着，鏡頭轉到另一室內，船上的男子已脫去外衣，只穿上洋裝背心和白襯衣，手上拿起茶杯，席地而坐，乘船的女孩則坐在男子對面，並轉頭面向觀眾，唱出「啊，想見你！」兩人之間隔着一張茶几，几上左右分別放了高腳碟和應節茶點，以及男子的洋帽，几子中央還有個高頸寬身的花瓶，瓶中插着一株帶傘形果枝的插花。然後畫面聚焦在高腳碟上的月餅，背景是十字圓邊窗框，窗框後是之前見過的喬木，花盛開，但有三幾片綠葉，另有蝴蝶翩翩，旁白說「傳統之美……」最後出現圓月高照，手執洋帽和圓扇的一對男女，以及兩旁高風亮節的竹樹。

影片播放完畢，學生都說看到四至五種植物，其中明確可以鑑定的包括柳樹、荷花（亦即蓮花）和竹樹。有一半的學生認出有花無葉的喬木為木蘭或二喬木蘭等木蘭科的植物，但另一半學生質疑片中女士穿着薄紗短袖，輕搖圓扇，疑似夏月初秋，木蘭類的植物應該綠葉成蔭，而且木蘭類的花瓣比較厚重，下墜時速度理應較快……至於傘形果枝的插花，有兩名學生猜測為菝葜（金剛藤）。

根據選用的植物和特性，絕大部分的學生估計廣告片的設計團隊

荷塘

荷花（以上圖片由李志榮提供）

對植物認識不多，或最少未有認真考慮選材的重要性。個別眼利的學生還指出按比例計算，高腳碟上放的是棋子餅或至潮之選的烤奶黃月餅，只有最後出現的才是傳統月餅，而且席地而坐的洋裝男士仍舊穿着皮鞋，於理不合……

學生也有提出放紙船會有不吉利的含意，但也有提到冰心的〈紙船〉，代表着想念親人……正討論中，鐘聲響起，我只好宣佈休息15分鐘，下半堂再續。

2017 年 10 月 8 日

月餅廣告的教訓（下）

連續兩節的植物學課，在中場小息時，我差點沒空去洗手。

小息時，學生都擁到台前，繼續提出電視廣告中各種植物的可能性和含意。其中有個學生堅稱以前在中秋時分見過木蘭（玉蘭）開花，但另一個學生則說翻查過《香港植物誌》、《澳門植物誌》、《深圳植物誌》、《中國植物誌》，以及英文版的 *Flora of China*，全部都指先花後葉、花期在 2 至 4 月左右，沒說夏秋。我建議他們再谷歌或百度一下，同時我亦發微博，給深圳仙湖植物園的木蘭專家，請他傳來園中現時的木蘭照片。

回到講堂，我邀請剛才那兩名學生發言，他倆分別向全班同學重述小息時關於花期的討論，並且補充說剛才谷歌或百度一下，發現百度百科在木蘭（*Magnolia liliflora*）項下，記錄了「花期 2 至 3 月（亦常於 7 至 9 月再開一次花）」，但在其他品種項下，並未提及第二輪開花。我隨即放映木蘭專家傳來仙湖植物園現時正開花的木蘭

中秋時分開花的木蘭（圖片提供：張壽洲）

照片，並且解説編寫植物誌的專家可能未親身目睹開花的植物和標本，也同時指出獨立觀察的重要性。

跟着話題轉到平面月餅廣告。較早推出的一款有男女一對藝人，貼背站立，男左女右。男的穿着淺棕色洋裝、淺藍線白襯衣、淺藍深藍交錯的領帶，左前臂屈向胸前，用兩指捻着一角蛋黃蓮蓉月餅，但刻意將月餅帶蛋黃的切面轉向鏡頭，而非急着往口裏送的方向。女的穿着素白高領半袖薄紗直裙，雙手在胸前撐着油紙傘，頭髮熨得貼服，髮尾還紮成髻，看似民初的裝束；網上社交群組多指貌比人鬼戀電視劇《大鬧廣昌隆》的倩女幽魂。兩人的身旁還配上荷葉和白色荷花，但男的身前另放了三株石蒜（紅花石蒜 *Lycoris radiata*）。

學生對這廣告極感興趣，他們評價指出，選用荷花，相當應節，也配合蓮蓉的主題；採用白色荷花，估計是為了配搭素白直裙，但加在花瓣上的陰影，落墨比較粗心，將荷花變得骯髒陰森。至於嬌艷的紅花石蒜，在香港並不多見；它原產於中國長江流域，分佈在長江中下游及西南部地區，每年 8 至 10 月，花葶（花莖 scape）自地下鱗莖抽出，高約 30 至 40 厘米，頂端長出傘形花序，有花 4 至 7 朵，鮮紅色或白色；花被裂片狹倒披針形，長約 3 厘米，強度皺縮和反卷；雄蕊比花被長，伸出於花被外並反彎向上，一般到花落後葉片才生長。

由於日本將秋分前後幾天訂為秋彼岸，是掃墓和敬祖的日子，因此稱在這段時間盛開的石蒜為彼岸花（higan bana）和曼珠沙華（mañjusaka）。我上月在秋彼岸期間，乘火車由博多前往佐世保市的豪斯登堡（Huis Ten Bosch）觀賞煙花，沿途的農田、路邊、溪畔、墳地都燒紅片片，長滿石蒜，十分美艷奪目。每到超市，都見販賣秋彼岸的供物和石蒜圖案的裝飾。月餅餅家對日本的市場選用與秋彼岸相關的石蒜，是否合適，則見仁見智，但在中國文化中，似乎並不討好，特別是石蒜花葉不相見，又稱為「無義草」。另一方面，曼珠沙華（曼殊沙華）出自《法華經》，為天界四華之一，梵語意為開在天界之紅花，但不等於石蒜。

鳳園蝴蝶保育園的石蒜（圖片提供：趙玉蓮）

　　另一款平面月餅廣告只有男藝人，其旁以梅花和牡丹作為裝飾，學生都認為那是春冬的植物，與中秋並不相稱。

　　我看看手錶，離下課前還剩下 10 分鐘，我只好宣佈暫停，讓助教搬來應承請吃的月餅……

　　下課後回到辦公室，在網上發佈功課：「Assignment: Which plants would you pick to improve the moon cake commercial? Provide detailed rationale or even modifications on the commercial artworks.」

2017 年 10 月 15 日

吳剛伐桂

　　飛機誤點，到領回行李後，已是凌晨兩點，睏得昏昏欲睡。僱了一輛的士，上車後也沒多說話，太座已靠着我的肩膀尋夢去。走了一段路，司機扭開音響，輕聲播出歌曲，開頭幾句，依稀是「多少人走着，卻困在原地。多少人活着，卻如同死去。多少人愛着，卻好似分離。多少人笑着，卻滿含淚滴」。唱到這裏才想起，那是汪峰的《存在》，於是跟着旋律，聽下去，「誰知道我們該去向何處？誰明白生命已變為何物？是否找個藉口，繼續苟活？或是展翅高飛，保持憤怒？我該如何存在？」

　　心想也許碰上一個文青司機，但沒衝動去打開話匣子，只要他知道「該前往何處」送我返家，樂得繼續接受昏暗路上的歌聲，「多少次榮耀卻感覺屈辱，多少次狂喜卻倍受痛楚，多少次幸福卻心如刀絞，多少次燦爛卻失魂落魄……」

　　經過青馬大橋，望出車外，稍見薄雲後淡淡的月色……還有個把星期，就到中秋。汪峰重複唱着：「誰知道我們該夢歸何處？誰明白尊嚴已淪為何物？是否找個理由，隨波逐流？或是勇敢前行，掙脫牢籠？我該如何存在？」

　　的士仍舊風馳電掣，音響換上別的歌曲，但留在車廂內飄浮的，或只是我腦海中迴盪的，是「存在」，以及「存在的問號」……汪峰的申訴，仿若浮光掠影，憑表象去摸索、去選擇、去追問「如何存在？」就像議論應該穿那款衣裳，而未有交代是誰要穿衣裳？在甚麼場合？按怎樣的劇目？

　　「存在」，那是不好回答的命題，而且一旦打開這潘朵拉的盒子，就會隨即湧現更多的疑惑 —— 特別是存在的意義、時限、肉身、靈魂、虛無，永恆、命自何方、魂歸何處……

　　回到家中，整頓之後，睏意稍消，趁機借着室內的燈光，

桂花
（圖片提供：洪福生）

桂花
（圖片提供：劉惠貞）

桂花結子
（圖片提供：李志榮）

到平台上作防風措施，收起摺臂遮篷、移走雜物，把容易被風吹倒的花盆和曬衣架平放地上和避風的角落。稍事歇息時，抬頭看見天上掛着一彎蛾眉月，半清不明，仔細看看，月中的陰影，讓我想起嫦娥的傳說。她偷吃了后羿的仙丹後，飛昇至月亮，困在廣寒宮內，孤身隻影，日子怎生消磨？她又選擇了怎樣的模式存在？仍舊為長生不老偷歡喜嗎？還是耐不住碧海青天夜夜深的寂寥，而悔偷靈藥？

疑惑間，平台上種的金桂和銀桂，送來撲面的花香，把秋夜變得怡人。很自然地，思緒又連接到銀盤中的桂樹和吳剛，傳說他是個醉心於仙道的樵夫，但總沒恆心修煉，故被罰在月宮砍伐桂樹，直至整株倒下，始能得道，但每次稍有停頓，桂樹的斷口立即癒合，之前的努力變得徒勞無功，這是中國神話中的西西法斯（西西弗斯 Sisyphus）；後者在希臘神話中，被罰推大石上山，但推到山頂時，大石又滾下山，害他重覆又重覆，為無法完成的任務而感到氣餒。

至於吳剛砍伐的桂樹，指的應該是木樨科（Oleaceae）的桂花（*Osmanthus fragrans*），它在秋天吐艷，是賞月的良伴，光看詩詞，可見一斑。唐代的王建寫下「中庭地白樹棲鴉，冷露無聲濕桂花。今夜月明人盡望，不知秋思在誰家？」宋代詩人楊萬里也點出「不是人間種，移從月中來。廣寒香一點，吹得滿山開。」而女詞人李清照更描寫説：「暗淡輕黃體性柔，情疏跡遠只香留。何須淺碧深紅色，自是花中第一流。梅定妒，菊應羞。畫欄開處冠中秋。騷人可煞無情思，何事當年不見收。」由於與吳剛伐桂的神話掛上關係，所以桂花又稱月桂，它是常綠灌木或小喬木，高可達 5 米，甚至更高，葉對生，橢圓或長橢圓形，革質，全緣或上半邊緣有鋸齒；秋季開花，極芳香，花簇生於葉腋，花冠管僅長 1 毫米，頂部四裂，乳白色，雄蕊兩枚，不同的栽培種還有黃和橙紅等顏色。

麻煩的是，有多種植物亦稱為桂樹，其中包括樟科（Lauraceae）的月桂（*Laurus nobilis*）和肉桂（*Cinnamomum cassia*）。樟科的月桂，原產地中海一帶，古希臘人把它帶葉的小枝編織成桂冠，頒贈

給詩人和英雄，象徵榮耀與勝利，羅馬帝國錢幣上的君主雕像亦頭帶桂冠，而諾貝爾獎得主被稱為 Nobel Laureate，也與此有關。月桂的葉片多用作香料，吃羅宋湯（Russian borscht）時，湯中撿到的樹葉（bay leaf），主要來自月桂或同科的加州月桂（*Umbellularia californica*）。至於肉桂的桂皮則是重要的中藥和香料。網上文獻談及桂花和月桂時，常見將不同品種的不同部分，混雜起來，引起混淆。

　　想到這裏，太座催促要早些休息，所以擱下執拾，明朝再續重覆又重覆的工作，再接再厲。

2018 年 9 月 16 日

肉桂（圖片提供：劉漢聲）

重陽節

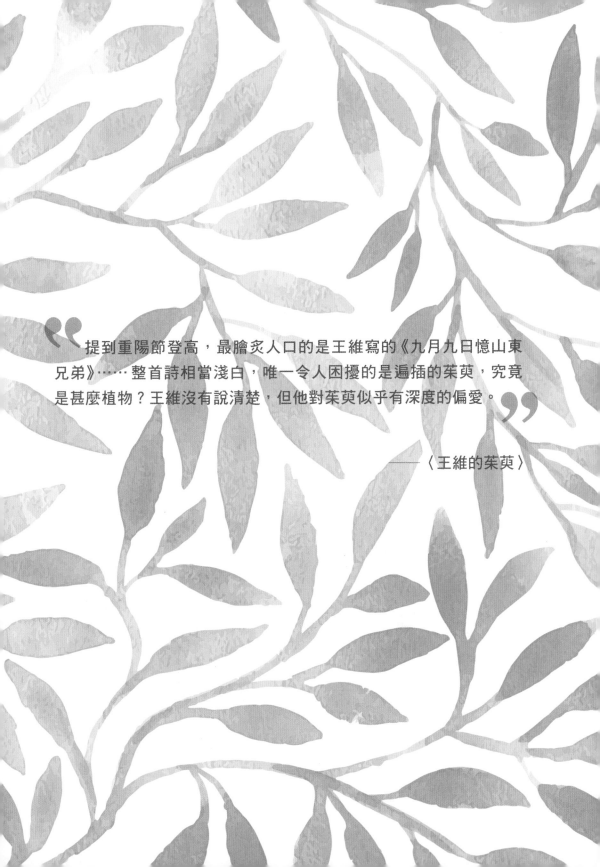

提到重陽節登高，最膾炙人口的是王維寫的《九月九日憶山東兄弟》……整首詩相當淺白，唯一令人困擾的是遍插的茱萸，究竟是甚麼植物？王維沒有說清楚，但他對茱萸似乎有深度的偏愛。

——〈王維的茱萸〉

王維的茱萸

颱風山竹過後，塌樹處處，滿目瘡痍，雖然經過搶修之後，漁農自然護理署宣佈麥理浩徑全線重開，但太平山山頂的餐廳那株印度橡樹（*Ficus elastica*）仍舊披頭散髮，環迴步行徑的盧吉道和夏力道依然有橫跨小徑的壓頂斷木，再加上重陽節那天，天氣不穩定，所以家人堅持只到公園逛逛，避免遠足郊遊。

剛到維多利亞公園西面入口，就驚覺沿着告士打道整排的細葉榕（*Ficus microcarpa*）全部倒塌，而整片的二十多株大葉榕（*Ficus virens*），亦只剩下三數株未被斬除，場面淒慘、十分恐怖，令我想起杜甫在重陽前後寫的《登高》，其中兩句描述「無邊落木蕭蕭下，不盡長江滾滾來」，不期然猜想他若見到維多利亞公園的情景，或許會改寫為「無邊落木枝枝斷，送盡堆填滾滾來」。

維多利亞公園整片大葉榕，所餘無幾。（圖片提供：畢培曦）

看到這樣倒胃的景色，唯有打道回府。返家途中，朋友送來被山竹吹斷的古樹名木照片，倍感悲傷，自然想到王維在《孟城坳》寫的「新家孟城口，古木餘衰柳。來者復為誰？空悲昔人有」。

回到家裏，繼續為維多利亞公園的倒樹難過，心想趁重陽節登高的朋友，也許會碰上同樣傷感的場面，於是決定轉意去看看重陽節的資訊。

在城市生活和西方文化的影響之下，中國的傳統節日已日漸式微，加上這些節日大多有神話包裝和傳說襯托，讓人感到老套。但仔細思考，這些包裝實在可以加強節日的意義和趣味，令民眾持守風俗和欣賞有紀念意義的活動，例如過年前的謝灶（祭灶節）讓民眾打掃廚房，端午的驅瘟避邪使民眾在踏入五月時加強衛生意識，中秋的嫦娥奔月可以增加賞月的內涵，而在七夕向七姐（織女）乞巧可以推崇婦女的手藝。網上有說得好，這些節日是「中華民族精神世界的一部分，它們和其他非物質文化遺產一道塑造了我們民族的形象，衍生成這個民族身份的基因和『身份證』，成為這個民族的整體記憶」。

依稀記得六十多年前的小學課本，在介紹重陽節的課文中，提到東漢時，桓景向仙人費長房學藝，獲囑咐急趕回家，於九月九日，讓家人各作絳囊，盛茱萸，繫於臂上，然後登高，飲菊花酒，以避禍害；到登高後回家，發現家中牲口全部瘟疫死亡。像這樣粗疏的包裝，自然難以持久，不過登高的風俗仍幸得以保存，而且在兩岸四地中，港澳兩個特區依然將重陽節維持作公眾假期，讓市民登高和掃墓。

提到重陽節登高，最膾炙人口的是王維寫的《九月九日憶山東兄弟》，當年小學課文亦有介紹：「獨在異鄉為異客，每逢佳節倍思親。遙知兄弟登高處，遍插茱萸少一人。」整首詩相當淺白，唯一令人困擾的是遍插的茱萸，究竟是甚麼植物？王維沒有說清楚，但他對茱萸似乎有深度的偏愛。根據專家的論述，他「在藍田輞川購置了別業，經常游息其中，過着亦官亦隱的生活」。輞川的庭園多以植物

命名，包括文杏館、宮槐陌、茱萸沜和辛夷塢；「茱萸沜是小苜蓿溝口扇面形台地，山澗流水出溝入川長期沖積而成。王維在這台地上遍植象徵吉祥的茱萸，成為輞川別業二十景點之一」。

但上網查找「茱萸」或「重陽，茱萸」，不難發現網上眾說紛紜，相當混亂，有的指是芸香科的吳茱萸（*Tetradium ruticarpum*），有的指是山茱萸科的山茱萸（*Cornus officinalis*），更有許多網頁將兩者混淆，説一個品種，但選圖用上另一品種的照片。

山茱萸在秋天落葉前，樹葉變成紫紅色，樹上更掛滿紅色的醬果，相當漂亮，其果肉用作中藥茱萸，又稱萸肉和棗皮。用作園藝植物，亦頗合理。

吳茱萸在秋天落葉前，樹葉亦轉紅，紅色的蓇葖果亦用作中藥吳茱萸。以往吳茱萸劃入 *Euodia*（*Evodia*）屬內，這屬在香港有兩個品種，分別是楝葉吳茱萸（*Euodia meliifolia*）和三椏苦（*Euodia lepta*），但從形態和化學分析，建議應該分別另放在別的屬內而改名為 *Tetradium glabrifolium* 和 *Melicope pteleifolia*，我們利用分子親緣比較，發現與形態和化學分析的結論一致。由於吳茱萸有強烈的芳香成分，吻合佩戴茱萸袪邪的目的，以及歷代指吳茱萸為辟邪翁的説法，我相信遍插的應是吳茱萸，臂繫絳囊內中的也是吳茱萸。

2018 年 10 月 21 日

山茱萸花（圖片提供：過立農）

山茱萸果
（圖片提供：康帥）

楝葉吳茱萸
（圖片提供：張保華）

三椏苦
（圖片提供：張保華）

萬聖節

"馬兜鈴屬（*Aristolochia*）的花朵更能代表萬聖節，每個品種扮鬼扮馬，化妝得古靈精怪……萼管像鬼屋，陰森恐怖，還散發出腐肉的味道；蠅虻一旦被 tricked 走進去就會被禁錮，困在萼囊內，接受蜜腺 treats，直到翌日雄蕊成熟，萼管壁上的長毛萎縮，才能全身沾滿花粉離開。"

——〈萬聖節的 trick or treat〉

萬聖節的
trick or treat

萬聖節剛過去，孩子大了，各自有節目。當他們還小的時候，在萬聖節晚上總會為他們扮鬼扮怪，讓他們到鄰舍叩門，大叫「trick or treat!」，然後看他們開心地將領賞回來的朱古力和糖果，堆放在飯桌上，一一分類，逐件品嚐，也就只好陪他們破例，由得「牙齒鬼」甜一個晚上。稍大一點，更要安排他們去海洋公園體驗「哈囉喂全日祭」、「排長龍」去鑽陰森鬼屋「嚇餐飽」，或到迪士尼樂園參加萬聖節派對，聽聽尖叫和嘻哈大笑⋯⋯

西方人在萬聖節愛將大南瓜掏空，在外皮雕刻出眼孔和嘴巴，像中秋節花燈那樣在南瓜內點上蠟燭，增加恐怖氣氛。雖然南瓜已經成為萬聖節的 icon，但馬兜鈴屬（Aristolochia）的花朵更能代表萬聖節，每個品種扮鬼扮馬，化妝得古靈精怪，萼簷有的留長辮，有的插滿刺毛，萼管像鬼屋，陰森恐怖，還散發出腐肉的味道；蠅虻一旦被「tricked」走進去就會被禁錮，困在萼囊內，接受蜜腺「treats」，直到翌日雄蕊成熟，萼管壁上的長毛萎縮，才能全身沾滿花粉離開。

之所以推舉馬兜鈴屬的植物作為萬聖節的代表，因為除了外表嚇人之外，其植株還含有毒素，使用妥當可用來治病，一旦濫用則塗炭生靈。

1992 年 6 月，兩名比利時藥材商人前來香港中文大學中藥研究中心查問「香港售賣的防己是甚麼品種？」獲悉是馬兜鈴科植物廣防己（Aristolochia fangchi）而不是防己科的粉防己（漢防己 Stephania tetrandra）後，兩人隨即速遞兩份藥材給我們檢查，全都含馬兜鈴酸（aristolochic acid），是廣防己無疑。

比利時藥材商人離開後幾個月，在 1993 年 2 月 13 日，英國

巴西馬兜鈴
（圖片提供：劉惠貞）

香港馬兜鈴
（圖片提供：陳俊生）

權威醫學學報《柳葉刀》報道比利時在 1991 至 1993 年 2 月,總共有 48 名 50 歲以下的婦女,長期服用含防己的製劑 12 至 24 個月之後,腎功能嚴重損傷,出現快速進展性腎間質性纖維化(rapidly progressive interstitial renal fibrosis)。這批婦女在布魯塞爾(Brussel)一家於 70 年代開設、已有 15 年歷史的減肥中心接受輔導及食療;療程包括低熱量飲食、朝鮮薊和歐福林(euphyllin)皮下針劑,以及含微量安非他命、乙醯唑胺、藥鼠李皮(cascara)、褐藻(fucus)、顛茄(belladonna)等成分的膠囊,一直未發生過醫療事故。但到 1990 年 5 月開始,減肥中心在原有的西藥膠囊中加入粉防己和厚樸(*Magnolia officinalis*)兩種中藥藥粉後,就陸續出現腎功能損傷的案例。醫務人員取得病人剩下的膠囊、減肥中心的存貨和入口商的材料,分析得相當仔細,他們甚至懷疑藥商在入口粉防己時,有否錯用了含有馬兜鈴酸的廣防己,但樣品分析未見有馬兜鈴酸。由於該報告指出是膠囊配方加入中藥成分之後,才出現不良反應,所以西方傳媒和醫學界均稱之為 Chinese herb nephropathy(中草藥腎臟病變),這個名字亦變成醫學專有名詞。

因為之前有比利時商人查詢的背景,我們於 1993 年 3 月 6 日,率先在《柳葉刀》指出從香港轉口的藥材防己應是廣防己,不是

錦雞馬兜鈴(圖片提供:劉惠貞)

粉防己，但亦同時提出廣防己按中醫指導使用，未聞有不良反應。比利時的專家認識到膠囊組方相當複雜，為防有失，趕快將幾粒病人剩下的膠囊寄來，我們採用較精密的方法，確證內含兩種馬兜鈴酸。另外又協助比利時方面，以精密的分析手段，檢查 12 份以粉防己名義入口的藥材，結果發現其中 11 份含有馬兜鈴酸，從而進一步肯定是廣防己闖的禍。

《柳葉刀》的報告發表後，雖然比利時政府即時禁止使用厚樸和防己（包括廣防己和粉防己），但中毒的案例不斷浮現，至今記錄接收的病人超過 300 名，其中三分一已接受腎臟移植。

廣防己的震撼並未停息，它如星火燎原，陸續在法國、德國、西班牙等歐洲國家引起相關的腎臟病變案例，而且詳細追蹤發現，馬兜鈴酸在人體內會轉化為馬兜鈴內酰胺（aristolactam），後者會與 DNA 的去氧腺苷和去氧鳥苷結合成 DNA 合生物（DNA adduct），從而增加癌變的風險。到 2000 年，比利時患者中有 39 名接受腎臟及尿管預防性手術，其中 18 例證實已衍生出尿道上皮癌（urothelial carcinoma）、腎盂癌（pelvis cancer），或乳頭狀膀胱腫瘤（papillary bladder tumor）。

廣防己引爆的「炸彈」是近代一次嚴重的跨國大規模草藥中毒事件，因此在國際上揪起軒然大波，其漣漪則一路蔓延到其他馬兜鈴屬的植物和藥材，大陸和港、澳、台，以及多國政府已立例嚴禁使用廣防己和其他馬兜鈴屬的品種作為藥材，所以市民減肥和治病（treat symptoms）時也要有所警惕，萬勿誤中馬兜鈴屬植物的蠱惑，免被「tricked」。

2016 年 11 月 6 日

結婚日

「連理」並非表面上的摟摟抱抱，同樣，婚姻，是個宏誓，人人
都當尊重。

——〈連理樹〉

連理樹

　　今天兒子小登科，收到許多親友的祝福和恭賀！賀詞中讚美愛情和婚姻的成語，多以動物或神話中的神獸作為比喻，包括鶼鰈情深、比翼雙飛、乘龍跨鳳、鳳凰于飛、鸞鳳和鳴、關雎誌喜、魚水和諧、鶯儔燕侶。與植物相關的，亦有花開並蒂、玉樹良枝、絲蘿春秋、連枝並頭、連（蓮）生貴子、瓜瓞綿綿、開枝散葉，以及共諧連理。

　　「連理」指的是連續的、無縫接合的紋理。我選購衣服時，只顧款式、顏色和尺碼，但太座會提醒我比較口袋和袖口的花紋，挑選與胸襟和袖管連理的。

　　成語和詩詞歌賦提及的連理，主要指連理枝或連理樹。白居易的詩愛採用「連理」，最廣為傳頌的是〈長恨歌〉的「在天願作比翼鳥，在地願為連理枝。」他的〈長相思〉又提到「願作遠方獸，步步比肩行。願作深山木，枝枝連理生。」

　　許多古剎、圍村的榕樹頭和村落出入口的聚集地方，間或會見有連理樹，那多是兩株相同或不同品種的喬木在樹幹基部或橫伸的枝條接觸處融合或連接成一體，民間一般都當作吉兆，並且每每簪花掛紅，美名為連理樹、姻緣樹、鴛鴦樹或夫妻樹。二十四史中《宋書》的〈符瑞志下〉刻意記錄了由漢章帝元和年中（86 AD）至宋順帝升明二年（478 AD）一共 109 則木連理的消息，並且美言說「王者德澤純洽，八方合為一，（連理樹）則生」。北京紫禁城御花園裏就有連理柏（*Juniperus chinensis*），成都文殊院內有連理銀杏（*Ginkgo biloba*），惠州西湖畔有連理紅棉（*Bombax ceiba*）、寧波市甬海縣也有樟樹（*Cinnamomum camphora*）和朴樹（*Celtis sinensis*）組成的連理樹。香港地方雖小，亦有不少細葉榕（*Ficus microcarpa*）化身的連理樹，分佈在大埔泰亨村、上環普慶坊公園、坪洲永興街和吉澳海傍等地。澳門的觀音堂（普濟禪院）以往也有一棵連理榕樹，而盧廉若花園和白鴿巢公園的榕樹亦有相近的樣式，不過沒像觀音堂那棵粗壯。

日光東照宮夫妻杉

里約熱內盧連理樹

正確來説，連理樹（conjoined trees）指的是兩株獨立的樹，通過樹幹、樹枝或樹根連生，接觸點的形成層（cambium）互相接合在一起，就像天然嫁接一樣；其成因是兩樹貼近擠迫生長，在形成層活躍期向橫擴展時，新樹皮和皮層未及完全長成，以致兩樹的形成層直接接觸而合生。另一方面，有些樹木可以由地下莖或根長出新分蘗苗（吸枝 sucker），成長後母樹和子樹接連的部分一旦露出地面，就看似天然嫁接，難以分辨是否後天形成的連理合體。當然亦有兩樹擠壓在一起，乍看似連理，但形成層並未融合，它們只可以歸納為摟抱樹（hugging trees），肇慶鼎湖山用紅繩將貼近在一起的木棉樹和龍眼樹（*Dimocarpus longan*）緊密地纏繞起來的姻緣樹，就是個好例子。

若以兩樹的形成層互相接合作為連理樹現象（inosculation）的指標，港澳地區由榕樹及榕屬植物組成的「複合體」，都不是連理樹。榕樹樹枝上的氣根（aerial roots），垂直向下延伸，觸地後會長粗，變成樹幹狀的假幹（pseudotrunk），作為支撐，這樣的發展可以由新的氣根不斷延續，甚至一株樹長出許多假幹而形成一片樹林，往日澳門觀音堂曾經栽培的連理樹，以及港島東華東院門外的連理樹，都屬這一類。榕樹的種子若在其他樹上發芽，其主根和氣根會向下生長，纏繞着該樹，甚至全面圍封着它，以致該樹無法生長而死亡，因此與其説連理，倒應稱之為絞殺暴力（strangling），南丫島上榕樹絞殺木麻黃（*Casuarina equisetifolia*）、荔枝窩榕樹纏繞秋楓樹（*Bischofia javanica*），以及 2003 年九龍公園斬除纏繞洋紫荊（*Bauhinia x blakeana*）的榕樹，都屬絞殺現象的典範例子。

「共諧連理」亦有寫為「共鞋連履」，用來形容婚姻，也不無道理。在現實生活中，夫妻二人同睡，晚上起牀在黑暗中胡亂穿拖鞋，不分你我。結婚將兩個性格迥異的靈魂連合成一體，衝突自然難免，但若如西諺説的「step into someone's shoes」，穿上對方的鞋，設身處地，共鞋連履，則總可化干戈為玉帛。

「連理」並非表面上的摟摟抱抱，同樣，婚姻，是個宏誓，人人都當尊重。

「從起初創造的時候，神造人是造男造女。因此，人要離開父

赤柱榕樹（以上圖片提供：畢培曦）

母，與妻子連合，二人成為一體。既然如此，夫妻不再是兩個人，乃是一體的了。所以神配合的，人不可分開」。

《箴言》留下古舊但歷久彌新的智慧：「要使你的泉源蒙福；要喜悅你幼年所娶的妻。她如可愛的麀鹿，可喜的母鹿；願她的胸懷使你時時知足，她的愛情使你常常戀慕。」「才德的婦人（a noble woman）是丈夫的冠冕。」「房屋錢財是祖宗所遺留的；惟有賢慧的妻是耶和華所賜的。」

通過婚姻，讓我們進一步體驗「愛是恆久忍耐，又有恩慈；愛是不嫉妒；愛是不自誇，不張狂，不做害羞的事，不求自己的益處，不輕易發怒，不計算人的惡，不喜歡不義，只喜歡真理；凡事包容，凡事相信，凡事盼望，凡事忍耐。愛是永不止息……如今常存的有信，有望，有愛，這三樣，其中最大的是愛。」

2017 年 12 月 4 日

〔送給睿憲和穎棋〕

聖誕節

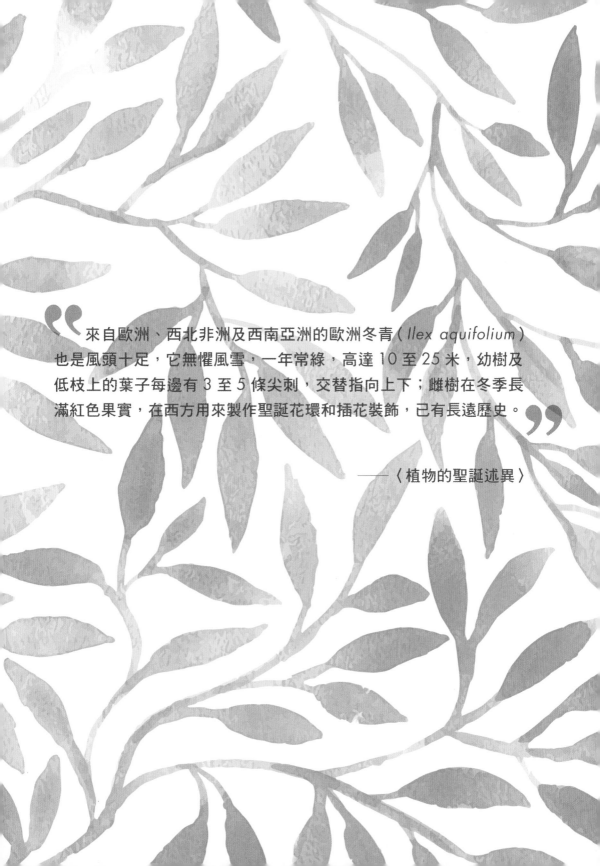

來自歐洲、西北非洲及西南亞洲的歐洲冬青（*Ilex aquifolium*）也是風頭十足，它無懼風雪，一年常綠，高達 10 至 25 米，幼樹及低枝上的葉子每邊有 3 至 5 條尖刺，交替指向上下；雌樹在冬季長滿紅色果實，在西方用來製作聖誕花環和插花裝飾，已有長遠歷史。

——〈植物的聖誕述異〉

植物的聖誕述異

　　登機時已是子夜，空中服務員匆匆提供飲料和晚餐，收拾後不久，機艙轉為昏暗。雖然有點困倦，但又不願意花時間與周公周旋；百無聊賴，打開座前的熒幕，但連續看了幾套電影介紹，都覺沒看頭，只好轉看卡通片，最終挑選了我喜愛的 *Mickey's Christmas Carol*（《米奇之聖誕述異》），那是迪士尼公司演繹狄更斯名著 *A Christmas Carol*（《聖誕述異》）的版本。在原著中，刻薄成性的守財奴史高治（Ebenezer Scrooge），於聖誕前夕夜，見到他死去的生意伙伴孤寒鬼馬尼（Jacob Marley）帶着枷鎖前來託夢，通知他有三個聖誕精靈來探他。跟着「舊日聖誕精靈」（Ghost of Christmas Past）帶他去看史高治年輕的時候，連未婚妻遲了一小時的按揭還款也不留情面，沒收她計劃買來與他共渡蜜月的小屋，以致打碎鴛鴦夢。「當下聖誕精靈」（Ghost of Christmas Present）讓他看到窮家慶祝聖誕節的困境和溫情，而「將臨聖誕精靈」（Ghost of Christmas Yet to Come）則領他去看其助手因沒有錢讓孩子醫病而承受的喪子之痛，又前往史高治將來的墓穴，發現自己死後既無親友送殯，亦帶不走苦心榨取得來的財富。驚醒後，已是聖誕日，史高治大幅改變，分享財富，與眾同樂。這些角色分別由史高治叔叔（Scrooge McDuck）、高飛狗（Goofy）、小蟋蟀吉明尼（Jiminy Cricket）、巨人威利（Willie the Giant）和黑皮特（Black Pete）飾演。他們誇張的表情、趣怪的動作、輕快的對答，令故事更溫馨，以及有更深刻的教訓。

　　看着看着，思量思量……眼簾愈來愈重，迷迷糊糊，墜入夢鄉……

　　十二月二十五日即將來臨，群芳匯聚，商討細節安排，重點是要推舉代表，負責迎接聖嬰耶穌。至於作為賀禮的植物，早已內定，眾望所歸讓橄欖科（Burseraceae）獨領風騷，科內的乳香木（*Boswellia*）和沒藥樹（*Commiphora*）在沒有競爭之下自動當選；它們分別生產的乳香（frankincense）和沒藥（myrrh），代表聖嬰的神聖馨香，以及象徵衪日後的十架犧牲。這兩種樹脂將與黃金一併

交予來自東方的幾位博士呈獻給聖嬰。

　　出席參加競逐的花草樹木，來自三山五嶽、八湖四海；其中包括清純皎潔的谷中百合、美艷醉人的沙崙玫瑰、代表所羅門王冠冕的石榴、用來化裝的鳳仙（指甲花）。每種植物都希望爭取得到迎接聖嬰的殊榮，享受親身接觸聖嬰的福份。

　　來自墨西哥及中美洲的一品紅（*Euphorbia pulcherrima*）是大戟科的代表，它特別搶眼，雖然每朵雄花退化只剩下一條雄蕊，每朵雌花亦退化只餘下一個子房，配上鮮黃色的腺體所組成的花序，實在毫不起眼，但它將花序周圍的葉片在短日照的月份，裝扮成鮮紅色，卻又份外驕艷；習慣上已被奉為聖誕花（聖誕紅），難怪會是這次奪標的熱門植物。

　　來自歐洲、西北非洲及西南亞洲的歐洲冬青（*Ilex aquifolium*）也是風頭十足，它無懼風雪，一年常綠，高達 10 至 25 米，幼樹及低枝上的葉子每邊有 3 至 5 條尖刺，交替指向上下；雌樹在冬季長滿紅色果實，在西方用來製作聖誕花環和插花裝飾，已有長遠歷史。

　　來自中東和北非、代表棕櫚科的椰棗樹（*Phoenix dactylifera*），氣宇軒昂，幹高達 30 米，一般直立並無分枝，樹頂上叢生長達 6 米

聖誕花
（圖片提供：張保華）

鋪着雪的冬青
（圖片提供：胡暢勤）

麥稈
（圖片提供：畢培曦）

的羽狀複葉。雌樹生產大量椰棗（dates），甜蜜美味，既可生吃，亦宜做成蜜餞，而且營養豐富，難怪它是猶太人應許之地的七種植物之一，《詩篇》亦比喻說「義人要發旺如棕樹」。

代表松柏類的花旗松（*Pseudotsuga menziesii*, Douglas Fir），不容忽視；它高大威猛、樹形優雅、木材上乘，亦是聖誕節的要角，慣常用作聖誕樹。

在大會上，一品紅搶先表態，一邊搔手弄姿，展露紅色和綠色的葉子，一邊毛遂自薦，自誇人見人愛。

　　歐洲冬青在枸骨冬青（*Ilex cornuta*）等同伴支持下，急急舉起帶刺的葉，暗諷一品紅地說自己終年常綠，不懼風雪，而且在寒冬更能掛滿紅色果子，為冰冷的大地添加顏色，為飢餓的鳥獸提供食糧，甚至可以為聖嬰誕生的馬槽掛上花環。

　　椰棗樹則指出將來耶穌準備十架犧牲、騎驢進入耶路撒冷時，歡迎祂的人會搖動棕櫚葉，所以何不用棕櫚來迎接聖嬰降生？

　　花旗松解釋，以聖嬰的身份，應該找高大威猛的松柏始能匹配，也可以掛上聖誕燈飾，最終亦可以提供木材，製作堅固的十字架。

　　跟着芳香的黎巴嫩香柏樹（*Cedrus libani*），曾為以色列國花的仙客來（*Cyclamen persicum*）……各花各說，甚至荊棘都爭取機會，說它可以為耶穌編織荊棘的冠冕……

　　爭持不下的時候，禾草怯弱地問：「可否考慮給我一個機會？」

　　所有植物大聲喝問，「你有甚麼本領？有甚麼過人之處？可以值得我們投你一票？」

　　禾草怯弱地回答：「我會讓聖嬰躺臥得舒服一點。」

　　眾植物即時目瞪口呆、默然不語……於是主席宣佈開始投票。正當要宣讀結果的時候，忽然有空中服務員將我推醒，原來飛機已經着陸，其他乘客已經離去。

　　在半睡不醒的狀態下，我拉着手提行李，耳畔似乎聽到路加福音的宣告：「在伯利恆之野地裏，有牧羊的人，夜間按着更次看守羊群。有主的使者站在他們旁邊，主的榮光四面照着他們；牧羊的人就甚懼怕。那天使對他們說：『不要懼怕！我報給你們大喜的信息，是關乎萬民的；因今天在大衛的城裏，為你們生了救主，就是基督。你們要看見一個嬰孩，包着布，臥在馬槽裏，那就是記號了。』忽然，有一大隊天兵和那天使讚美神說：『在至高之處榮耀歸與神！在地上平安歸與他所喜悅的人！』」

2015 年 12 月 20 日

聖誕花環

12 月到美加探親，所到之處多見聖誕燈飾，商場佈置爭妍鬥麗自然不在話下，個別的民房和社區亦費盡心思，自發裝扮得璀璨奪目；除了用燈泡串連起來，將整間房屋的屋簷和牆角勾畫出房子的輪廓之外，還在前院堆砌雪人、鹿車、天使等花燈塑像，多彩多姿、逗人喜愛。當地的報章還特意搜集賞燈名單，推薦值得觀賞的民房燈飾。據報道，有些屋主在住宅向街的牆面和前院，自費動用三十多萬個燈泡來佈置聖誕燈飾，將平淡無奇的居舍幻化成豪華的童話國度，到晚上亮起燈泡的時候，彩色繽紛，煞是漂亮可愛，與迪士尼樂園不遑多讓。不少遊人還專程開車前來欣賞拍照，共享節日歡樂。

今次所見的燈飾固然賞心悅目，但最吸引我的是各式各樣掛在門上和櫥窗內的聖誕花環，這類裝飾在香港並不常見。在花店擺賣的主要用松柏類和冬青類耐旱的枝葉作為骨幹，互纏成環狀，在關鍵的位置加上鐵絲或繩索，再在適當位置加插帶有顏色的乾果或松球，以及其他質感和顏色的枝葉，好增加美感和層次，突出主題；其中比較新奇的是看到選用了石榴和炸開的棉果作為花環的裝飾，配搭起來也相當漂亮。櫥窗和店舖內的花環則創意更多，最吸引我的是分別用禾稈、樹根和彩線編織成的花環。至於超市，也見有體積不同、顏色鮮艷的塑膠仿金屬彩球串連成花環，效果也不錯。

到網上查考，原希望多欣賞聖誕花環的圖片，但首先觸目的是一則新聞：「聖誕花環女賊　今日現身道歉成朋友」。內文報道說在 12 月 7 日，一名多倫多屋主非常氣憤，在臉書上載了一段監錄攝影機的片段，顯示一個女賊拿走了她家門口的聖誕花環，價值二百多加元，她在臉書上批評女賊不道德，直像聖誕鬼靈精（聖誕怪傑）格林奇（Grinch），警方接手調查時發現同區另一戶門口的聖誕花環亦告失蹤。事件引起傳媒報道，而市內一個清潔工在偶然的情況下，發現在自己的卡車貨斗裏有一個用膠袋包着的花環，於是通過媒體協

助還給屋主。原本以為那個故事就此結束，但沒想到，女賊的家人竟然找到屋主，呈上女賊的親筆道歉信。屋主讀過信後決定拜訪那位女士和她的家人，經過一番詳談了解到對方背後的苦衷後，欣然接受她的道歉，並且兩人一見如故，竟然成了朋友，媒體都説像是聖誕喜劇收場。

新聞中多倫多的屋主提到聖誕鬼靈精格林奇，一時間記不起他是誰，只好繼續谷歌，才發現以前試翻過原著，又在電視看過相關的卡通片，但因圖像醜陋，沒有放在心上，但想不到他在西方頗受歡

聖誕花環（以上圖片由畢培曦提供）

迎，劇集相當賣座，而且是英女皇至愛的恐怖電影（favourite scary movie）。原著《聖誕怪傑》*How the Grinch Stole Christmas* 是蘇斯博士（Theodor "Dr. Seuss" Geisel）在 1957 年出版的童話故事書，曾經高踞兒童文學龍虎榜；書內的插圖全由作者繪畫，而故事的內容採用押韻的句子，方便父母在床邊誦讀。在網上找到 1966 年改編的經典卡通片和 2000 年的電影，翻看亦覺相當有趣。故事發生在呼威爾鎮（Whoville），一年一度的聖誕節快到，鎮內洋溢着節日氣氛，家家戶戶都預備慶祝聖誕，為家人和朋友包裝禮物，為街道和家裏佈置聖誕燈飾。鎮外北面是克朗皮特山（Mount Crumpi），山上住了一名心胸狹隘的綠色鬼靈精，名叫格林奇，他養了一頭狗（麥斯 Max）。格林奇這小鬼相當小心眼，心臟比正常人的細兩倍，他獨居寂寞孤苦，無親無故，所以對鎮上的喜氣洋洋、歌聲賀聲非常不滿，決心要破壞鎮上居民過節的心情，於是他化裝成聖誕老人，又將小狗偽裝成馴鹿（reindeer），趁着天黑下山打劫，把鎮上所有的聖誕飾物和禮物全部搬走。卡通片中見他出盡八寶，飛簷走壁，鑽煙囪、潛地庫、將大小裝飾和禮物，連聖誕樹和聖誕花的葉和花都一一掃清。格林奇以為偷去所有聖誕飾物和禮物，便能破壞聖誕氣氛，但到聖誕節當天，鎮上居民仍舊手牽手，共唱聖誕歌，歡樂並未因失去聖誕飾物和禮物而減退，他便明白快樂幸福並不是建基在物質之上……於是將偷來的賊贓全數送返鎮內，而他的心臟亦增大三倍，變成愛心。

《聖誕怪傑》指出聖誕節的歡樂，絕非靠物質和商品，但並未有觸及聖誕節的核心意義。基督教在聖誕節慶祝聖嬰耶穌降生，是因為他成長後，被鞭打、被迫帶荊棘編成的荊冠、被釘十字架，就為了承擔世人的罪而犧牲，但死後三日復活。由此看來，聖誕花環可能有更深層次的意義……也許，是預表着耶穌釘十字架時頭上帶着的荊冠！

2015 年 12 月 27 日

是何嬰孩（What Child is this）？

今年 12 月前往北美探親，起飛時是正午 12 時，光天化日之下，難以入睡，於是打開座前的熒幕，發現日本作家有川浩（Arikawa Hiro）的《植物圖鑒》已經拍成電影。這部在網站連載的愛情小説曾榮獲「第一回 booklog 大賞（小説部門）」第一名，但故事情節卻被不少博客批評為「堅離地」，因為溫文純真的女生河野彩香，在住所樓下碰見餓得倒在地上的陌生男生〔日下部樹（Itsuki）〕，竟然隨便接受他的請求，「像在路邊撿拾寵物那般帶回家」，請他吃公仔麵（方便麵），讓他洗澡和留宿，並因他次日煮得可口的早點而邀請他留下半年，好安排每天三餐。隨後兩人日久生情，進而同居；半年期滿，這男生在她上班後，留下字條和野菜食譜，帶同門匙離家出走。一年後，男生寄來一本彩照的植物圖鑒，她才發現 Itsuki 原來是花道名師的兒子。他成功擺脱花道餘蔭，尋獲拍攝自然之趣後，又回到彩香住所樓下，再續前緣。我喜歡這本小説，不在乎內裏過分甜膩的濃情，只着意有川浩娓娓道來路邊和田間的植物。她精心用雜草與野菜打造書中每章的標題，細緻地鋪排；亦描述 Itsuki 如何引導彩香認識周遭不起眼的植物，告訴她「昭和天皇好像説過『沒有甚麼草叫做野草，每株草各有名字』」，帶她乘單車到河濱挑選野菜、到野地摘取天然的食材⋯⋯然後有川浩進一步刻劃 Itsuki 如何將它們清洗、處理、烹調，變成美觀可口的菜式，以及細心照顧彩香起居、安排每天新款吸引的午飯便當，並在預備好晚飯後出門到便利店當夜班售貨員。到 Itsuki 失蹤後，彩香唯有形單影隻，一邊懷念他，又一邊自行去採摘野菜，心中總浮現出大文豪川端康成留下來的名句：「分手前告訴男人一朵花的名字吧！花兒年年綻放。」

影片中這個完美的男生由帥哥岩田剛典飾演，進一步將書中的主角美化為天掉下來的男神，叫許多女生都渴望「領養」一頭（個）

Itsuki！雖然我也可以仿效有川浩談談野菜，但沒有如她那般培養出烹調方面的天份，到如今仍因這「缺陷」而未敢接受學生的建議，開設「『為食』植物學」的專題！

抵達目的地後，站在機艙門口的空姐向客人道別説「Happy Holidays!」我回應説「Merry Christmas!」她怔一怔，再點頭微笑説「Yes, Merry Christmas!」接機的親戚先送我去商場找個餐館洗塵。商場遊人如鯽，忙着購買禮物。商場內佈置得十分漂亮，聖誕樹上掛滿閃亮的燈飾，聖誕花環為每個角落消除冷清，Happy Holiday（佳節快樂）的賀詞和廣告點綴了家家店鋪，大堂中央還有間聖誕小屋，門外排滿家長和小孩，務求與屋內的聖誕老人合照⋯⋯但偌大的商場，唯有在 Macy 百貨公司入口處，站在救世軍募捐錢箱旁邊的義工，不停地説：「Merry Christmas! Merry Christmas!」

美國近年民主走火入魔，為了照顧弱勢社群，容許變性、中性、計劃變性等人士進入女廁，引起了尷尬、不便，甚至風化案件。又為了避免爭議和訴訟，務求政治正確（politically correct），不敢祝賀聖誕快樂；政府機關、學校和商場，都只容許説「Happy Holidays!」，改送 Season's greetings（節日賀詞）。有小學生向老師説了一句「聖誕快樂！」，便被老師投訴，並罰停學一星期⋯⋯難怪特朗普（川普 Trump）在競選總統時，揚言當選後「We're gonna be saying Merry Christmas!」

在美國慶祝聖誕，主角聖嬰耶穌竟被踢出局，那真的要問「是何嬰孩？ What Child is this?」

洗塵完畢，在回家的路上電台播出「是何嬰孩？」的詩歌：「是何嬰孩躺臥安睡，在馬利亞的懷內？牧人正在看守群羊，天使歌唱是為誰？祂是基督我王，天使歌唱，牧人歡慶；快來向祂頌揚，救主基督至聖嬰。」

2016 年 12 月 25 日

商場內的聖誕樹

Macy 百貨公司門外的聖誕樹（以上圖片由畢培曦提供）

驢背上的十架（上）

上月的 23 至 25 日，香港特別行政區政府為慶祝特區成立 20 周年，攜手與「法國里昂燈光節」合作，在中環和尖沙咀一帶 16 個地標，舉辦了三晚的「光·影·香港夜」，呈獻一系列光與影的藝術作品和投影短片，為市民和遊客展示香港迷人的光芒和魅力。在最後一晚，我也隨年輕一輩流連，在中環和尖沙咀一帶四處「打卡」。

乘地鐵到中環站，到達時已經是晚上 8 點，皇后像廣場正上演現代舞，周邊和內面的水池不規則地插着許多白光管，堆砌出光影的「竹子廣場」。我們穿過匯豐銀行，先看前法國外方傳道會大樓在光影下幻化成大型的金魚缸，從上下三排二十多個方型的大窗戶窺見大樓內有巨型金魚游來游去。跟着轉往遮打花園，一邊吃小食檔的美點，一邊欣賞無伴奏合唱，然後在暗淡的光影中，靜觀「關於海的歌」——在背幕上由遊客投放的星光剪影和水池上飄蕩發亮的紙船，並且感悟「香港由昔日的漁港，演變成今天的國際交通樞紐，有人漂洋過海，來這裏攜手共建家園，但亦有人黯然離去」。通過干諾道中行人隧道，經過道旁展示的多張珍貴歷史照片，前往愛丁堡廣場，在那裏欣賞大會堂、郵政總局和文華東方酒店外牆上的光影投射，其中最有趣的是郵政總局外牆上放映的「Anooki 反轉香港」，由兩個來自北極的白光卡通小孩，弄到郵政總局水浸，整棟大樓破毀。跟着匆匆乘天星小輪到尖沙咀，在香港文化中心和 1881 Heritage「打卡」，最後趕到半島酒店時剛好是 11 點，還來得及看到「Final Call 最後召集」的發光裝置，這裏以前是首架由美國越洋長途民航客機 Philippine Clipper（水上飛機）旅客抵港的登陸地點。

上星期六，又隨年輕一輩「過大海」，去澳門看「光影節」。白天到達，自然要四處「掃街」，尋找美食。葡國血鴨、焗鴨飯、炭燒羊扒、葡撻……都是我們愛吃的菜式。

走到議事亭前地，在往大三巴牌坊附近的路上，我們逐家店舖品評。在一家飾物店的櫥窗內，看到一個聖經人物的飾物，約有 25 厘

郵政總局外牆上放映的
「Anooki 反轉香港」
（圖片提供：陳珩）

1881 Heritage 光影節中
的百年老榕樹
（圖片提供：畢培曦）

澳門大堂前地的馬槽
（圖片提供：畢培曦）

米高,是約瑟拉着驢,載着大腹便便的馬利亞,趕路前往伯利恆。飾物的背景是根據《路加福音》的記載,因為當時,羅馬王該撒亞古士督下旨,命令天下人民都報名上冊。於是「約瑟也從加利利的拿撒勒城上猶太去,到了大衛的城伯利恆,因他本是大衛一族一家的人,並且帶同他所聘的妻馬利亞,準備一同報名上冊;那時馬利亞的身孕已經重了,快要臨盆」。飾物色彩相當漂亮,人物也很生動,但礙於家中實在存放了太多記念品和雜物,故此只好留給其他有緣人。

跟着又走到聖母聖誕堂,那是天主教澳門教區的主教座堂,習稱大堂。在大堂前地,佈置了一個用茅草搭建的馬棚,約有 5 至 6 米寬。馬棚上掛着伯利恆的星,馬棚正中央放了一個矮小的馬槽,槽上是包着布的聖嬰耶穌,旁邊是約瑟和馬利亞,以及前來朝拜的博士和牧羊人等。另外臥在地上的,還有駱駝、綿羊、牛和驢。

按照《路加福音》和《馬太福音》記載的情節,前來朝拜的博士,來自東方,他們在遠方占星,見到移動的明星,估計有明主或哲人誕生,所以不顧風塵僕僕、千里迢迢前來找他,並且呈送黃金,以及兩種來自植物樹脂的乳香和沒藥,作為賀禮;那些駱駝估計是他們的坐騎。牧羊人在伯利恆的野地,夜間按着更次看守羊群,期間有天使通知他們:「今天在大衛的城裏,為你們生了救主,就是主基督。你們要看見一個嬰孩,包着布,臥在馬槽裏,那就是記號了。」馬棚內的小羊也許是牧羊人帶來的。馬棚佈置最外圍的位置有頭驢,大概顯示其低下的地位和價值,但牠似乎悠然自得,並不在乎別人的觀點,從拿撒勒城出發的路上,牠一直照顧着這新生嬰兒的母親,把她穩穩當當地送到夫家的伯利恆城,如今牠為她母子平安舒一口氣,滿心感激享受着主人弄璋的喜樂。

我正在拍照的時候,同行的年輕人就催我去欣賞光影展。沒法,來不及寫下驢子的心聲,唯有留待下回再續。

2017 年 12 月 17 日

驢背上的十架（下）

　　前個周末「過大海」，到澳門看「光影節」，晚上四圍蒲，到處「打卡」。今年澳門的光影主題為「愛滿全城·愛在路上」。

　　從新馬路（亞美打利庇盧大馬路）到議事亭前地，離遠就看到有一株約 8 米高幾何形狀、以白色 LED 燈緄邊的金色聖誕樹，高調地召喚遊人前來欣賞「愛由心生」的光影；半空中密麻麻垂掛着白光的 LED 燈串和銀色波浪的拉花彩帶，將前地粉飾成夢幻的銀裝世界。一旁的騎樓底連成有蓋行人走廊，在走廊街柱位，鑲上斜心形的裝飾，我和太太亦仿傚其他情侶一樣，站在心形的框架內拍照留念。

　　到達大三巴牌坊時，聚集的遊人已經很多，我們只好站在登上牌坊較下層的石階上，觀賞「愛之無界」光影秀。依稀見到大三巴身上的圖案光影，展示澳門四百多年來經歷的風風雨雨，以及人際間的互愛。

　　離大三巴不遠的聖安多尼教堂，上演的「生命燈塔」秀，內容相對簡潔，容易明瞭。四百年前，遠渡而來的葡萄牙人喜歡在這教堂舉行婚禮。有次風災把澳門變得一片漆黑，以致漁船無法辨路歸航，碰巧教堂意外着火而化身成為澳門的燈塔，像燃點自己的生命，引領漁民平安歸來。

　　打的飛車到南灣湖，那裏早已遊人如鯽。雅文湖畔半空中掛着一排排的平面同心圓形 LED 燈圈，仔細看看，燈圈中央還藏有一個星座；從上千個燈圈中找齊 12 星座，實在毫不費勁。南灣湖水上活動中心更用成千上萬枝 LED 玫瑰，組成一大片花海迷宮，在黑漆的夜幕中，蔚為奇觀。雖然玫瑰光影，甚是醉人，但令我更感興趣的是活動中心演放的光影天燈。在偌大一個錐形的天幕下，安排了矮腳枱和印有天燈的畫紙，讓小孩興致勃勃地填上顏色和祝福字句，再經電腦掃描，將圖畫轉化成影像，通過活動程式，放影到白色的天幕上。看着眾多帶有童真的圖畫天燈，悠悠上升，煞是動人。這些

澳門大三巴愛之
無界光影秀、澳
門聖安多尼教堂

生命燈塔光影秀

（以上圖片由畢穎騫提供）

由科技結合的藝術創作，十分值得推廣，既避免燃放天燈會引起的山火和製造垃圾，又增加了藝術氣氛，估計稍事還可以進一步安排製作短暫錄影，自動送到畫作人的電郵地址，留個紀念。在南灣湖逗留良久，直到玫瑰花海燈光熄滅，才漫步離開，去吃宵夜。聽說澳門還有兩家餐館，安排了光影晚宴，但可惜沒提供宵夜。

由於翌日一早有約，只好宵夜後，即趕搭雙體水翼船返港。啟航不久，即進入夢鄉，矇矓中見到大堂前地的馬槽。那駱駝竟然發出嚕囌：「怎麼搞的，讓咱們辛辛苦苦、千里迢迢，經過大漠，跑到這裏來！原以為會到皇宮或富戶人家，最少能吃頓飽糧。沒想到竟是個破馬棚……和一個窮小子！這究竟是甚麼造化？」老牛忍不住，回應說：「真是鬼知道，原本安安靜靜的，竟然變得嘈嘈雜雜！老兄何必發出嚕囌。看你家主人，也沒多埋怨，反而熱淚盈眶，向那嬰兒下跪，還獻上賀禮……」「倒也是，那禮物還是黃金、乳香和沒藥！」駱駝回答時也稍為軟化。那隻羊羔接口說：「兩位叔伯，稍安毋躁！我們也嚇了一跳！剛才我家牧羊人在城外野地，夜間按着更次看守羊群，忽然出現大光，有天使宣佈：『今天在大衛的城裏，為你們生了救主，就是主基督。你們要看見一個嬰孩，包着布，臥在馬槽裏，那就是記號了。』跟着又唱『在至高之處，榮耀歸於上主；在地上平安，歸予祂喜悅的人！』」小羊這麼一說，牛和駱駝都目瞪口呆，轉眼定睛看這嬰兒。但那頭驢似乎悠然自得，沒有搭嘴；從拿撒勒城出發的路上，牠一直照顧着這新生嬰兒的母親，把她穩穩當當地送到夫家的伯利恆城，如今牠為她母子平安鬆一口氣，滿心感激地享受着主人弄璋的喜樂。牠甚至好像知道，很快便要起程逃難，載這嬰兒躲避希律王的追殺令，到日後，還得讓他坐着，進入聖城耶路撒冷，甚至待他為拯救世人罪孽而釘身十架後，把屍體載往墳墓……驢稍微移動，讓我看看牠背上的鬃毛，那十架符號是大部份驢子的特徵。

離船後在返家途中，我腦海中，一直回味這個夢，心中不期然哼着《明星燦爛歌》：

驢背上的十架鬃毛
（圖片提供：Abdelhamid Bizid）

「明星燦爛夜未央，伯利恒城在睡鄉，野外牧人見異象，天上皎然發大光；天使列隊同歌唱，牧人見之咸驚惶，忽聞綸音頒九霄，宣言聖子降下方。至高榮耀歸上主！全地人民福無疆！」

「明星燦爛夜未央，孤燈熒熒照客窗，取來舊布作繈褓，馬槽權當育兒床；為欲救世拯陷溺，道成人身真理彰，才離帝座臨下界，人世艱辛已備嘗。至高榮耀歸上主！全地人民福無疆！」

「望道乃有三博士，仰瞻異星發光芒，從知救主生猶太，一覲為榮誠意長；借彼明駝千里足，跋涉荒漠朝君王，攜來禮物敬獻上，黃金沒藥與乳香。至高榮耀歸上主！全地人民福無疆！」

「天人懸隔由罪障，罪心潛滋道心亡，我亦魔國投降者，徘徊歧路無主張；神已為我立善牧，我豈依舊作亡羊，願潔我心成聖殿，毋若客店無地方。願潔我心成聖殿，毋若客店無地方！」

2017 年 12 月 24 日

在大學教植物學

Teaching Botany in University

Plant
Day
Everyday

畢培曦 著

日日植物日

責任編輯 張詩薇
裝幀設計 sandy hung
排　版 楊舜君
印　務 劉漢舉

出版
中華書局（香港）有限公司
香港北角英皇道四九九號北角工業大廈一樓 B
電話：（852）2137 2338
傳真：（852）2713 8202
電子郵件：info@chunghwabook.com.hk
網址：http://www.chunghwabook.com.hk

發行
香港聯合書刊物流有限公司
香港新界大埔汀麗路三十六號
中華商務印刷大廈三字樓
電話：（852）2150 2100
傳真：（852）2407 3062
電子郵件：info@suplogistics.com.hk

印刷
美雅印刷製本有限公司
香港觀塘榮業街六號海濱工業大廈四樓 A 室

版次
2019 年 7 月初版
©2019 中華書局（香港）有限公司

規格
特 16 開（230mm×170mm）

ISBN
978-988-8573-26-4